통합 보건의료 I
Working Across Boundaries

VOLUME 5

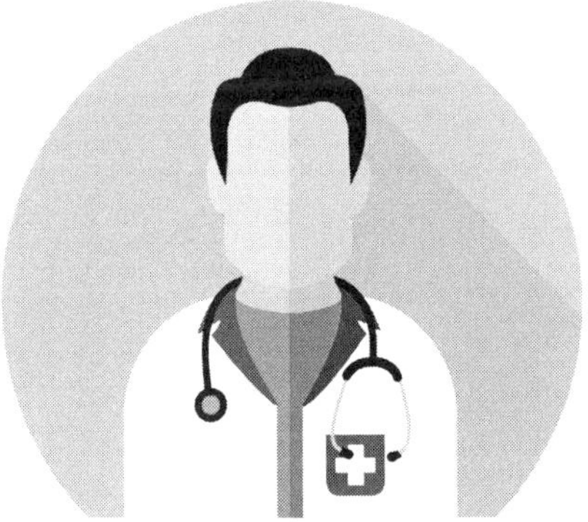

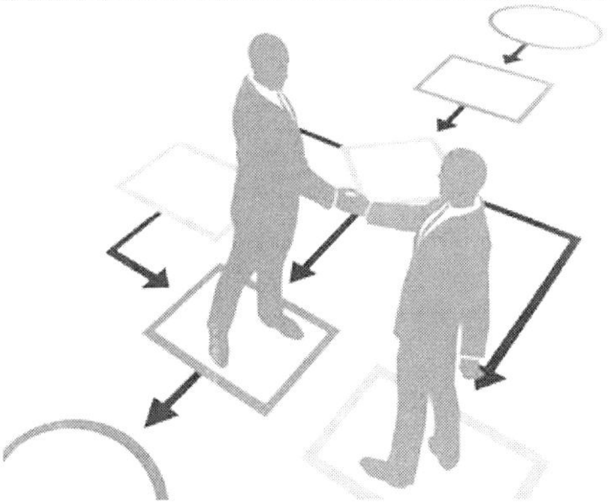

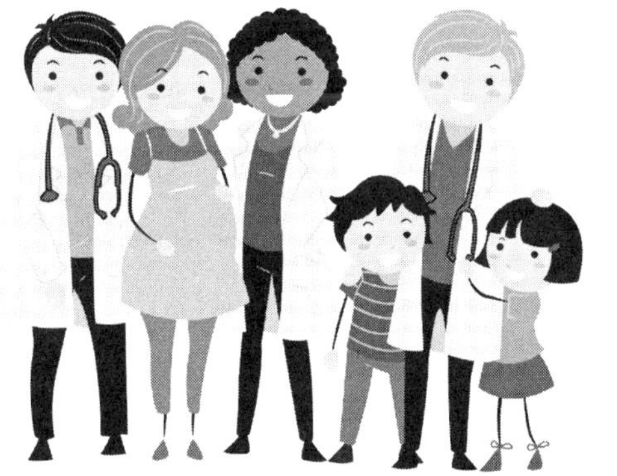

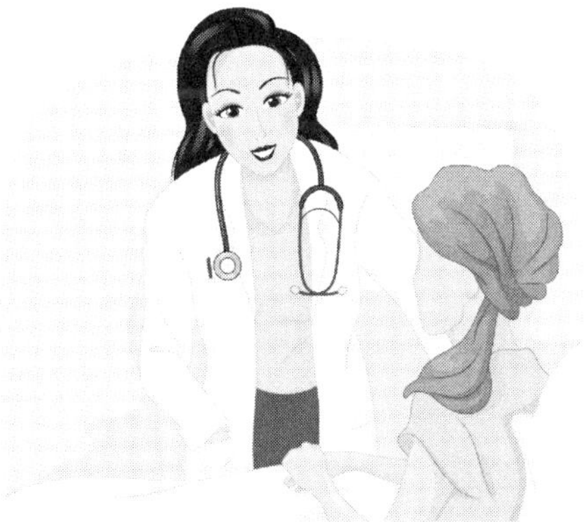

편집: Jeffrey Braithwaite, Erik Hollnagel, Garth S Hunte
번역: 홍성현

CRC Press
Taylor & Francis Group
6000 Broken Sound Parkway NW, Suite 300
Boca Raton, FL 33487-2742

© 2019 by Jeffrey Braithwaite, Erik Hollnagel and Garth S. Hunte.
CRC Press is an imprint of Taylor & Francis Group, an Informa business

International Standard Book Number-13: 978-0-367-22457-8 (Paperback)
International Standard Book Number-13: 978-0-367-22459-2 (Hardback)

Library of Congress Cataloging-in-Publication Data

Names: Braithwaite, Jeffrey, 1954- editor.
Title: Working across boundaries. Volume 5, Resilient health care / edited by Jeffrey Braithwaite, Erik Hollnagel, and Garth Hunte.
Description: Boca Raton : Taylor & Francis, 2018. | "A CRC title, part of the Taylor & Francis imprint, a member of the Taylor & Francis Group, the academic division of T&F Informa plc." | Includes bibliographical references.
Identifiers: LCCN 2019002062| ISBN 9780367224578 (pbk. : alk. paper) | ISBN 9780367224592 (hardback : alk. paper) | ISBN 9780429274978 (e-book)
Subjects: LCSH: Health services administration. | Organizational effectivenes. | Interorganizational relations.
Classification: LCC RA971 .W67 2018 | DDC 362.1068—dc23
LC record available at https://lccn.loc.gov/2019002062

Visit the Taylor & Francis Web site at
http://www.taylorandfrancis.com

and the CRC Press Web site at
http://www.crcpress.com

* 본서의 한국어판 저작권은 저작권자와의 독점계약으로 보호를 받는 저작물이므로 무단전재와 복제를 금합니다.

한국어판 발행을 축하하며

경계 극복(Working Across Boundaries)에 대한 서문을 통해 한국 독자와 의료전문가들에게 통합 보건의료(Resilient Health Care)를 소개하게 되어 매우 기쁘다. RHC는 레질리언스 엔지니어링(RE) 개념을 의료(환자안전)분야에 적용한다. RE는 2004년 스웨덴에서 열린 워크숍에서 처음 등장했으며, 스웨덴, 미국, 영국, 프랑스, 네덜란드, 아일랜드, 스위스, 일본 등 여러 안전 전문가들이 일주일 동안 함께 산업 안전과 관련된 새로운 레질리언스 개념에 대해 논의했다. 레질리언스는 오래전부터 생태학(Holling, 1973)과 각종 재료의 탄성을 측정하는 척도(McAslan, 2010)로 알려져 있었다. 보건의료분야는 1999년 미국 의학연구소의 보고서 "인간은 실수할 수 있다 [To Err is Human: Building a Safe Health System" (Kohn, Corrigan & Donaldson, 1999)]의 발표로 인해 환자안전 문제에 대한 관심이 다시 높아졌다. 이 보고서는 전통적인 산업의 관습을 맹목적으로 따랐으며 보건의료 분야에서 허용할 수 없는 결과, 특히 인간의 행동을 의료사고로부터 예방 가능한 사망의 주요 원인으로 잘못 지적했다. 이 의학연구소의 책에도 이를 감추지 않고 서문에 명확하게 명시하였다:

"인간은 모든 분야에서 오류를 범할 수 있다."

그러나 2004년부터 레질리언스 엔지니어링은 산업안전과 관련하여 이에 반대하는 주장을 성공적으로 펼쳤고, 인간 행동역량의 변동성은 약점이기보다는 강점이라고 지적했다. 이후 이 견해는 Safety-II (Hollnagel, 2014)와 Safety Differently (Dekker, 2015)의 필수적인 부분으로 되었다. 따라서 오늘날에는 실패와 사고만이 아니라 모든 영역에서 배우는 것이 더 중요하다는 것이 널리 받아들여지고 있다. 실패와 사고로부터 배울 수 있는 것은 우리가 하지 말아야 할 것들과 제거하고 예방하려고 시도하는 것을 가르쳐줄 뿐이다. 반면에 모든 영역에서, 특히 잘 진행되는 일로부터는 무엇을 해야 하며, 무엇을 강화하고 개선해야 되는지를 배울 수 있다(Hollnagel, Shorrock & Jones, 2021).

제 1회 RHC 회의는 2012년 덴마크에서 열렸으며, 덴마크, 호주, 벨기에, 캐나다, 이탈리아, 프랑스, 대만, 스웨덴, 미국, 프랑스 등 참가자들과 함께 매년 덴마크(2012~2014, 2016, 2018), 호주(2015), 캐나다(2017), 일본(2019), 온라인을 통한 가상회의(2000, 2021), 스웨덴(2022), 미국(2023), 노르웨이(2024), 브라질(2025)에서 회의를 개최하였다. 2012년의 제 1회 회의내용은 곧 RHC시리즈 첫 번째 책으로 출판되었다(Hollnagel, Braithwaite & Wears, 2013). 이 책은 일본어로 번역되었으며, 곧이어 다른 책들도 출판되었다(아래의 목록 참조). 현재 출판된 '경계 극복'은 보건의료 시리즈의 다섯 번째 책이며, 한국어로 번역된 첫 번째 책이다(Hollnagel, Braithwaite & Hunte, 2019). RHC는 많은 나라에서 채택되었으며 병원과 클리닉에서 일어나는 모든 직무에 대한 관점의 변화를 가져왔다. 비공식적인 RHC 네트워크는 2000년 스웨덴에서 RHC학회(https://rhcs.se/)로 등록되었다. 이 학회는 전 세계적으로 RHC를 홍보하고 특히 연례

RHC 컨퍼런스를 조직하는 역할을 담당하고 있다.

시리즈 중 '경계 극복'은 이전 책들에 제시된 여정을 계속하며, 경계를 인식하고 이해하여 자신의 강점을 활용하고 약점을 극복함으로써, 보건의료분야의 통합적 행동을 표현할 수 있다. 이전의 시리즈에서는 실제일(Work As Done)과 가상일(Work As Imagined)의 차이점과 관련된 문제를 살펴보았으며, 사람들이 실제로 어떻게 일을 운영 처리하는지, 상황이 명확하지 않고 주변 여건이 정확히 알려지지 않은 상태에서 어떻게 '상황에 대응(Muddling Through)'하는지 살펴보았다. 경계를 극복하는 목적은 일선에서 일하는 사람들이 RHC 원칙으로 더 효과적으로 일할 수 있도록 그 방법을 보여주는 것이다. 예를 들어, 일상의 임상환경에 존재하는 분명한 경계와 잠재성을 더 깊이 이해함으로써 높은 수준의 학제 간 통합치료로 안전하게 일할 수 있도록 하는 것이다. 또한 이 원칙은 환자, 옹호단체, 관리자, 정책 입안자, 환자안전 및 품질책임자 등 보건의료분야의 사람들에게 유용하며, 실제로 더 나은 의료서비스를 만들고자 하는 모든 사람에게 유용하다.

이 책은 경험을 연결하고 아이디어를 생성하며 실질적인 해결책을 제공하는 일련의 사례연구, 이론적 장 및 응용사례를 제시한다. 각 장은 갈등 해결방법, 환자 유동관리의 장해극복, 협상을 통한 인맥구축 등 다양한 문제들을 다룬다. 저자들은 실질적인 문제를 해결할 수 있는 단일 방법을 수용하기보다는 다양한 접근방식을 활용했으며, 각 장은 과학적인 목적과 더불어 교육적인 목적도 갖고 있다.

에릭 홀라젤
2025년 08월

Books about Resilient Health Care

Iedema, R, Mesman, J. Carroll, K. (2013) Visualising Health Care Practice Improvement: innovation from within. Boca Raton, FL: CRC Press.

Braithwaite J, Hollnagel E, Hunte G. S. (Eds.), (2019) Resilient Health Care Volume 5: Working Across Boundaries Taylor & Francis Group. (link)

Braithwaite J, Hollnagel E, Hunte G. S. (Eds.), (2021) Resilient Health Care Volume 6: Muddling Through with Purpose. Abingdon, UK: Routledge.

Braithwaite, J., Wears, R. L. & Hollnagel, E. (Eds.)(2017). Resilient health care, Volume 3: Reconciling Work-as-Imagined and Work-as-Done. Boca Raton, FL: CRC Press / Taylor & Francis.

Dekker, S. 2015. Safety Differently. Human Factors for a new era. Boca Raton, FL: CRC Press. Holling, C. S. (1973).

Resilience and Stability of Ecological Systems. Annual Review of Ecology and Systematics. 4, 1-23.

Hollnagel E, Braithwaite J, Wears R. L. (2013) Resilient health care. Farnham, UK: Ashgate. Hollnagel, E. (2014). Safety-I and Safety-II: The past and future of safety management. Farnham, UK: Ashgate.

Hollnagel E, Braithwaite J, Wears R. L. (2018) Delivering Resilient Health Care Volume 4 Abingdon, UK, Taylor & Francis. (link)

Hollnagel E. (2017) Safety-II in Practice – Developing the resilience potentials. Routledge.

Hollnagel, E., Shorrock, S. & Johns, A., 2021. Learning From All Operations: Expanding the Field of Vision to Improve Aviation Safety-Alexandria VA: A Flight Safety Foundation White Paper

Kohn, L. T., Corrigan J. M. & Donaldson, M. S. (Eds.), (1999). To err is human: Building a safer health system. Washington, D. C. National Academy Press.

MacAslan, A. (2010). The concept of resilience: Understanding its origins, meaning and utility. Adelaide: Torrens Resilience Institute, 1.

MacAslan, A. (2010). The concept of resilience: Understanding its origins, meaning and utility. Adelaide: Torrens Resilience Institute, 1.

Rowley E, Waring J. (2011). A social-cultural perspective on patient safety. Farnham, UK: Ashgate. Wears RL, Hollnagel E, Braithwaite J. (2015) Resilient health care. Farnham, Volume 2: The resilience of everyday clinical work.

통합 보건의료

각종 매뉴얼과 규제 등 명문화되어있는 정적인 가상일(Work-As-Imagined)은 항상 변화하는 환경과 조건에 대응하며 실행하는 우리의 동적인 실제일(Work-As-Done)과 격차가 존재한다. 그러나 변하는 환경과 조건에 맞추어 모든 매뉴얼과 규정을 만들 수는 없으며, 수시로 복잡하게 변하는 상황을 예측할 수도 없다. 따라서 가상일과 실제일 간의 격차 제로화는 불가능하다. 사고 제로화를 주장하는 제로 비전(Vision zero) 정책이 불안전한 이유이기도 하다.

오히려 자신과 조직의 부정적 영향을 피하기 위해서도 현장에서의 실제일은 변동되며, 또한 효율성과 생산성의 이름으로 격차는 더욱 커지게 된다. 격차가 커지면 리스크라는 불확실성도 커지므로, 언제 어디서나 항상 존재하는 이러한 격차를 최소화 / 분산화 / 최적화하기 위한 지속적인 노력이 안전안심 사회를 만들 수 있는 필수 조건이다.

리스크라는 불확실성 요소에는 긍정과 부정요인들이 모두 포함되어 있다. 그러나 리스크의 사전적 의미인 위험과 부정적인 요소로만 간주하여 모든 리스크를 제거하는 정책을 유지하였다. 부정적 요소가 증가하면 요소 간 공명을 일으켜 결국 사고로 돌변하게 된다. 또한 긍정요소까지 모두 소거하면 결과적으로 시행착오로부터 배울 수 있는 귀중한 경험들도 원천 제거함으로써 우리의 상황대응(Muddling through) 능력은 점점 약화된다.

이 책에서 주창하는 바와 같이 보건의료분야도 실패사례나 부정요인을 줄이는 것과 더불어 일(수술)이 잘 진행된 성공요인까지 추가하여 "통합적 관점"을 향상시키는 방안이 정착되고 있다. 인간은 기계가 아니므로 규정만으로 직무를 수행할 수는 없다. 환자의 안전과 직무의 효율성을 위해 스스로 판단하고 실무를 조정한다. 그러므로 규정과 현장의 실무 사이에는 항상 격차가 발생하며 이러한 차이가 일이 잘 되는 이유가 되며, 동시에 일이 잘못되는 이유이기도 하다. 규정에 맞는 수술현장은 중요하지만 환자의 생명과 직결된 현장의 경계극복 및 상황대응 능력을 향상하고 긍정적 요소를 증가시킬 필요성이 더욱 중요해지고 있다.

새로운 환경은 새로운 능력을 요구하며, 그 능력은 해당시스템 상황의 본질과 부합해야 하므로, 어제의 모든 개념과 도구는 오늘의 상황에 대응하도록 재해석하고 재정립해야 한다. 건강하고 안전한 사회를 만드는 책임과 의무는 우리 모두에게 있으며, 안전의 일차적인 책임은 각자에게 있으므로 최우선적으로 스스로 안전의식이 바뀌어야 한다. 주변의 각종 리스크에 대해 무엇을 하지 말아야 할 것에 집중하기보다 무엇을 해야 할 것인가에 초점을 맞추고 상호 간 소통능력을 향상해야 한다. 패러다임의 변화는 세상이나 제도가 바뀌는 것이 아니라 그것을 바라보는 우리 스스로의 관점을 바꾸는 것이라고 믿는다.

홍 성 현
2025.09.24.

목차

머리말　xv
감사의 말　xix
편집인　xx
기고인　xxii

제Ⅰ부 서문

1. 소개: 현재까지의 여정과 앞으로의 계획 ·· 3
   Erik Hollnagel, Jeffrey Braithwaite, and Garth S. Hunte

2. 여정: 통합 보건의료Ⅰ의 경계 탐색 ·· 12
   Erik Hollnagel, Jeffrey Braithwaite, and Robert L. Wears

제Ⅱ부 경계를 극복하는 협상

3. 경계를 극복하는 일:
   공감적 협상기술을 이용한 보건의료의 가치 창출 및 안전 확보 ······ 21
   Andrew Johnson, Paul Lane, Michael Klug, and Robyn Clay-Williams

4. 보건의료의 갈등 해소 ·· 40
   Rob Robson

제Ⅲ부 경계의 이론화

5. '실용적' 레질리언스: 이론의 오용? ·················· 59
   Sam Sheps and Robert L. Wears

6. 다양한 형태의 공유리더십(Shared Leadership)을 통한
   보건의료기관의 레질리언스 구축 ······················ 86
   Lev Zhuravsky, Eric Arne Lofquist, and Jeffrey Braithwaite

7. 시뮬레이션: 경계를 감지하고 극복하는 도구 ············ 112
   Mary D. Patterson, Peter Dieckmann, and Ellen S. Deutsch

제Ⅳ부 경계의 경험

8. 시스템 및 지식의 경계 돌아보기 ······················ 135
   Kate Churruca, Janet C. Long, Louise A. Ellis, and Jeffrey Braithwaite

9. 현장에서 실행되는 의약품 조제의 이해 – 개념적 모델과 경험적
   접근법의 결합 ···································· 157
   Peter Dieckmann, Marianne Hald Clemmensen, and Saadi Lahlou

10. 수술실의 통합적 현장 관리: 경계와 협조의 역할 ·········· 172
    Sudeep Hegde and Cullen Jackson

11. 환자 유동관리: 체계적, 상황 대응적 에스컬레이션 조치 ······ 190
    Jonathan Back, Janet E. Anderson, Alastair J. Ross, Peter Jaye,
    and Katherine Henderson

12. 봉합 보건의료의 촉진 요소인 신뢰와 심리적 안전 ·········· 208
    Mark A. Sujan, Huayi Huang, and Deborah Biggerstaff

13. 통합 지원을 위한 완화 자원(Slack Resources)의 공동 이용:
    산부인과 병동 사례연구 ·· 231
    Natália Basso Werle, Tarcisio Abreu Saurin, and Marlon Soliman

14. 응급의료의 통합적 실행력: 치료 경계를 넘어서는 개입 이행 ······ 254
    Robyn Clay-Williams, Brette Blakely, Paul Lane, Siva Senthuran,
    and Andrew Johnson

제 V 부 결론

15. 토론, 통합 및 결론 ··· 273
    Erik Hollnagel, Jeffrey Braithwaite, and Garth S. Hunte

머리말

제도상의 생활과 현장은 점점 더 복잡해지고 있다. 단순히 관료주의가 기승을 부리거나, 기술적 해결책이 이전보다 빠르게 등장한다거나, 이미 거의 모든 분야를 지배하는 소프트웨어가 엄청난 속도로 새로운 특성과 기능을 계속 추가하고 있다는 것만은 아니다. 모든 조직과 전문가의 틈을 메우는 것이 단지 더 많은 전문 분야와 초특화 분야가 생겨났다는 것만은 아니다. 소비자가 더 많이 교육을 받고, 더 까다롭고, 더 안목이 있다는 것도 아니다. 전반적으로 재정적, 경제적 압박이 도사리고 있기 때문도 아니다. 20년 전에는 상상조차 할 수 없었던 직업(예: 소셜 미디어 디렉터, 웰빙 관리자, 드론 기술자, 유전 상담사)이 오늘날 존재하기 때문인 것도 아니다. 사람들이 심각한 조직 문제를 극복하기 위해 어쩔 수 없이 시행해야 하는 변화와 개선의 결과를 예측할 수 없게 된 것도 아니다.

이 모든 것은 보건의료뿐 아니라 다른 분야에서도 마찬가지다. 사실, 보건의료는 복잡성의 극치를 보여주는 분야로 묘사되었다(Braithwaite et al., 2017). 의료 시스템에는 환자를 치료하고 치료를 제공하는 의료진을 지원하는 기능뿐 아니라, 효율적인 조직의 원활한 업무 뒤에는 수많은 서비스 기능을 실행하는 수많은 역할이 있다. 복합적인 질환을 앓는 환자를 치료하기 위해 노력하는 다양한 사회적 전문 조직과 복잡한 생태계가 존재하며, 이러한 치료 과정에 적용할 수 있는 유형의 정보,

의사소통, 임상 및 진단 기술이 있다.

  통합 보건의료(RHC: Resilient Health Care) 시리즈의 다섯 번째 책인 이 책의 중점사항은 환자 안전 - 즉 보건의료가 잘 되는 방법에 대해 언급한다. 이전 네 권의 책(Hollnagel, Braithwaite, & Wears, 2013; Wears, Hollnagel, & Braithwaite, 2015; Braithwaite, Wears, & Hollnagel, 2016; Hollnagel, Braithwaite and Wears, 2019)을 통해 살펴본 결과 환자를 안전하게 지키기 위해서 우리는 예측 가능한 상황과 예측할 수 없는 상황에 끊임없이 적응해야 한다. 또한 안전하게 치료하는 동시에 목표를 달성하기 위해서는 사회, 문화, 기술, 전문 직종, 재정 및 운영 등 다양한 영역을 극복해야 한다. 가상일(Work-As-Imagined)과 실제일(Work-As-Done) 사이의 격차, 이러한 일들과 더불어 살아가야 한다는 이해의 격차, 또는 휴먼시스템이 모든 조직에서 만드는 사일로(silos)와 같은 경계를 극복해야 한다. 모든 경계에는 의도된 목적이 있지만, 가능한 모든 결과를 예측하는 것은 불가능하므로 의도하지 않은 부작용이 많이 발생한다. 마찬가지로, 사람들은 자신의 업무를 관리하고 보호하기 위해 일시적인 경계를 만들 수도 있다. 사람들은 미리 생각하고, 패턴을 인식하고, 이해하며, 신중하고 밀접한 연관을 갖는다. 그들은 시스템의 취약성을 피하고, 완충제를 제공하여 여유를 가지며, 정책 매뉴얼을 따르기보다 실제로 일이 전개되는 대로 실행하며 배운다. 그들은 업무환경, 시스템 및 직무를 목적 달성에 맞게 조정한다. 요컨대, 보건의료분야 종사자들은 혼란스럽고 긴장된 시스템에서 능숙한 방식으로 문제를 해결하고, 이전에 발생하지 않은 일들을 종종 동일한 방식으로 처리하기도 한다.

머리말

이러한 이유로 우리는 이 책의 제목을 경계극복(Working Across Boundaries)으로 정했다. 이 책은 의료 환경에서 일을 어떻게 처리하는지에 대한 질문을 던지며, 이 중요한 주제에 경의를 표하고 정의를 실현하려고 한다. 의료계 종사자, 환자, 기획자, 개발자, 연구원, 정책담당자, 관리자 등 모든 사람이 안전하고 효과적이며 근거에 기반한 치료를 제공하기 위해 어떤 방식으로 사람들과 협력할 수 있을까?

이 질문은 2016년 8월 덴마크 미델파르트(Middelfart)에서 열린 RHC 네트워크 협의에서, 60명이 연례모임을 가졌을 때 프레젠테이션을 들으며 우리가 공식화하기 시작한 민감한 질문이다. 이 질문은 이 책의 집필자들에게 주어진 도전 과제였으며 필자들은 이 문제에 대한 스스로의 해답을 찾아냈다. 현대 의료 환경에서 직면하게 되는 영구적, 일시적 경계를 어떻게 극복하며 일이 잘되고 있다고 확신할까? 그것이 과제였다. 이제 그들이 얼마나 잘 해냈는지 살펴본다.

Erik Hollnagel, Jeffrey Braithwaite, and Garth S. Hunte

참고문헌

Braithwaite, J., Churruca, K., Ellis, L. A., Long, J., Clay-Williams, R., Damen, N., ⋯ Ludlow, K. (2017). Complexity Science in Healthcare – Aspirations, Approaches, Applications and Accomplishments: A White Paper. Sydney, Australia: Australian Institute of Health Innovation, Macquarie University.

Braithwaite, J., Wears, R. L., & Hollnagel, E. (Eds.). (2016). Resilient Health Care, Volume 3: Reconciling Work- s-Imagined and Work-as-Done. Farnham, UK: Taylor & Francis Group.

Hollnagel, E., Braithwaite, J., & Wears, R. (Eds.). (2013). Resilient Health Care. Farnham, UK: Ashgate Publishing.

Hollnagel, E., Braithwaite, J., & Wears, R. (Eds.). (2018). Resilient Health Care, Volume 4: Delivering Resilient Health Care. Abingdon, Oxon: Routledge.

Wears, R., Hollnagel, E., & Braithwaite, J. (Eds.). (2015). Resilient Health Care, Volume 2: The Resilience of Everyday Clinical Work. Farnham, UK: Ashgate Publishing.

감사의 말

환자 안전, 통합 보건의료 및 응급치료 분야의 거장이자 우리의 친구, 지지자이자 선생인 보고 싶은 Bob Wears. Vale에게 이 책을 헌정한다.

이 책의 모든 부분에 반영된 독창성과 전문성, 노력을 기울여준 각국의 동료들과 각 챕터의 저자들에게 깊은 감사를 표한다. 모든 챕터는 엄격하면서도 창의적인 노력의 산물이다. 이 책의 완성은 RHCN(Resilient Health Care Network)의 탁월하고 다양한 전문성을 입증하는 증거이다.

또한 이 시리즈의 다섯 번째 책을 출판하기 위해 노력과 지원을 아끼지 않은 호주 시드니의 의료혁신 연구소 편집팀에 감사드린다. 웬디 제임스 박사는 각 챕터의 편집을 담당했다. 우리 연구 보조팀은 모든 내용을 통합하고 정리했다(Anne Grødahl); 색인을 작성하고 각 챕터를 교정했으며(Claire Boyling), 개별 챕터를 편집 및 교정하고 일대기 출처를 제공했다(Meagan Warwick).

JB, EH, GSH
Sydney, Nivå, Vancouver
January 2019

편집인

Jeffrey Braithwaite: BA, MIR (Hons), MBA, DipLR, PhD, FIML, FCHSM, FFPHRCP, FAcSS, Hon FRACMA, FAHMS, Australian Institute of Health Innovation(AIHI)의 창립 이사; 호주 맥쿼리 대학교 레질리언스 보건의료 및 실행 과학센터 소장 겸 보건의료 시스템 연구 교수. 그의 연구는 복잡한 의료 시스템의 변화 특성을 조사하여 1억 1,100만 호주 달러(7,100만 유로, 6,300만 파운드) 이상의 자금을 유치했다. 12권의 저서를 포함하여 450편 이상의 동료평가 출판물에 기고했으며, 90여 차례의 기조연설을 포함하여 국제 콘퍼런스에서 930회 이상의 프레젠테이션을 했다. 그의 연구는 Journal of the American Medical Association, BMC Medicine, The British Medical Journal, The Lancet, Social Science & Medicine, BMJ Quality & Safety, International Journal for Quality in Health Care와 같은 저널에 게재되었다. 강의와 연구로 43개의 다양한 국내외 상을 받았다. 자세한 내용은 AIHI 웹사이트에서 확인할 수 있다 (http://aihi.mq.edu.au/people/professor-jeffrey-braithwaite).

Erik Hollnagel: 스웨덴 린셰핑 대학교 환자안전 분야 수석교수, 호주 맥쿼리 대학교의 Centre for Healthcare Resilience and

편집인

Implementation Science 객원 교수, 린셰핑 대학교 컴퓨터 과학부 명예 교수. 여러 국가의 대학, 연구센터 및 사업체에서 원자력 발전, 항공우주산업 및 항공분야, 소프트웨어 엔지니어링, 육상교통 및 보건의료를 포함한 다양한 영역의 문제를 다루며 경력을 쌓았다. 전문 분야는 산업안전, 레질리언스 엔지니어링, 환자안전, 사고 조사 및 대규모 사회기술 시스템 모델링이 포함된다. 레질리언스 엔지니어링에 관한 서적 5권을 포함하여 24권의 책을 저술 및 편집했으며, 다수의 논문과 서적의 챕터를 집필하는 등 폭넓은 저술활동을 하고 있다. 최근의 저서는 Safety-I and Safety-II in Practice, Delivering Resilient Health Care 등 다수.

Garth S. Hunte: MD, PhD, FCFP, St. Paul's 병원 임상교수이자 응급의학과 의사, Providence Health Care Research Institute의 Health Evaluation and Outcome Sciences 센터 과학자, 캐나다 밴쿠버의 British Columbia 대학교 응급의학과의 환자안전 및 응급치료의 레질리언트 시스템 전략 책임자. 연구 프로그램은 복잡한 사회기술 시스템에서 안전이 어떻게 생성되는지, 보건의료에서 레질리언스 엔지니어링을 적용하는 일 등에 중점을 두고 있다. REA(Resilience Engineering Association) 및 RHCN(Resilient Health Care Network)에 적극적으로 참여하고 있으며, 2017년 밴쿠버에서 열린 제6회 Resilient Health Care Meeting을 조직하고 진행하였다.

기고인

Janet E. Anderson
Centre for Applied Resilience (CARe)
Florence Nightingale Faculty of Nursing and Midwifery
King's College London
London, United Kingdom

Jonathan Back
Centre for Applied Resilience (CARe)
King's College London
London, United Kingdom

Deborah Biggerstaff
Mental Health and Wellbeing
Warwick Medical School
University of Warwick
Coventry, United Kingdom

Brette Blakely
Australian Institute of Health Innovation
Faculty of Medicine and Health Sciences
Macquarie University
Sydney, Australia

기고인

Jeffrey Braithwaite
Australian Institute of Health Innovation
Faculty of Medicine and Health Sciences
Macquarie University
Sydney, Australia

Kate Churruca
Australian Institute of Health Innovation
Faculty of Medicine and Health Sciences
Macquarie University
Sydney, Australia

Robyn Clay-Williams
Australian Institute of Health Innovation
Faculty of Medicine and Health Sciences
Macquarie University
Sydney, Australia

Marianne Hald Clemmensen
The Danish Research Unit for Hospital Pharmacy
Amgros Copenhagen University Hospital
Copenhagen, Denmark

Ellen S. Deutsch
Pennsylvania Patient Safety Authority

Harrisburg, Pennsylvania and
Anesthesiology and Critical Care Medicine
The Children's Hospital of Philadelphia
Philadelphia, Pennsylvania

Peter Dieckmann
Center for Human Resources
Copenhagen Academy for Medical Education and Simulation (CAMES)
Capital Region of Denmark
Herlev, Denmark

Louise A. Ellis
Australian Institute of Health Innovation
Faculty of Medicine and Health Sciences
Macquarie University
Sydney, Australia

Sudeep Hegde
Human Computer Interaction
University at Buffalo
Boston, Massachusetts

Katherine Henderson
Emergency Medicine

기고인

Guy's and St. Thomas's NHS Foundation Trust
London, United Kingdom

Erik Hollnagel
Hälsohögskolan i Jönköping
Jönköping University
Jönköping, Sweden

Garth S. Hunte
Department of Emergency Medicine
Faculty of Medicine
University of British Columbia and
Centre for Health Evaluation and Outcome Sciences (CHEOS)
Providence Health Care Research Institute
British Columbia, Canada

Huayi Huang
Warwick Medical School
University of Warwick
Coventry, United Kingdom

Cullen Jackson
Department of Anesthesia, Critical Care & Pain Medicine
Harvard Medical School Beth Israel Deaconess Medical Center
Boston, Massachusetts

Peter Jaye
Emergency Medicine Guy's and St. Thomas's NHS Foundation Trust
King's Health Partners Academic Health Sciences Centre
London, United Kingdom

Andrew Johnson
Medical Services
Townsville Hospital and Health Service
Queensland, Australia

Michael Klug
Clayton Utz
Queensland, Australia

Saadi Lahlou
Department of Psychological and Behavioural Science
The London School of Economics and Political Science
London, United Kingdom

Paul Lane
Health and Wellbeing Service Group
Townsville Hospital and Health Service
Queensland, Australia

기고인

Eric Arne Lofquist
Department of Leadership and Organizational Behaviour
BI Norwegian Business School
Bergen, Norway

Janet C. Long
Australian Institute of Health Innovation
Faculty of Medicine and Health Sciences
Macquarie University
Sydney, Australia

Mary D. Patterson
Department of Emergency Medicine
University of Florida
Jacksonville, Florida and Akron Children's Hospital
Simulation Center for Safety and Reliability
Akron, Ohio

Rob Robson
Healthcare System Safety and Accountability (HSSA)
Institute for Healthcare Communication
Ottawa, Canada

Alastair J. Ross
Behavioural Science Glasgow
Dental School
University of Glasgow
Glasgow, Scotland
and
Centre for Applied Resilience in Healthcare (CARe)
King's College London
London, United Kingdom

Tarcisio Abreu Saurin
Industrial Engineering Department
Federal University of Rio Grande do Sul (UFRGS)
Porto Alegre, Brazil

Siva Senthuran
Intensive Care Medicine
Townsville Hospital and Health Service
Queensland, Australia

Sam Sheps
School of Population and Public Health
University of British Columbia Vancouver
British Columbia, Canada

기고인

Mark A. Sujan
Patient Safety
Warwick Medical School
University of Warwick
Coventry, United Kingdom

Marlon Soliman
Industrial Engineering Department
Federal University of Rio Grande do Sul (UFRGS)
Porto Alegre, Brazil

Robert L. Wears
Emergency Medicine
University of Florida
Jacksonville, Florida
and
Clinical Safety Research Unit
Imperial College London
London, United Kingdom

Natália Basso Werle
Industrial Engineering Department
Federal University of Rio Grande do Sul (UFRGS)
Porto Alegre, Brazil

Lev Zhuravsky
Department of Population Health University of Otago
Christchurch, New Zealand
and
Patients Care and Access
Waitemata District Health Board
Auckland, New Zealand

제Ⅰ부

서 문

1 ｜ 소개: 현재까지의 여정과 앞으로의 계획

Erik Hollnagel
Jönköping University

Jeffrey Braithwaite
Macquarie University

Garth S. Hunte
University of British Columbia

【목차】
소개 ··· 3
경계의 개념화 ··· 5
이 책의 목적 ··· 9
저자들의 과제: 다음 단계 ·· 10
참고문헌 ·· 10

소개

4권 (Hollnagel, Braithwaite, & Wears, 2013, 2018; Wears, Hollnagel, & Braithwaite, 2015; Braithwaite, Wears, & Hollnagel, 2016)의 저서에 이어, RHC(Resilient Health Care) 시리즈의 5번째 저서인 이 책에서는 통합적인 실행(Resilient performance)을 실

현하기 위해 다양한 경계를 극복하고 시스템, 조직 및 서비스 전반에 걸쳐 일하는 방식을 고려한다. 보건의료의 모든 분야에도 습성, 문화 및 조직의 경계는 존재한다. 계층구조와 이질적 위계조직, 부서 간 사일로(silos), 하위문화, 정치적 긴장, 자원 및 그 자원의 할당 방식에 대한 의견 불일치가 있다. 임상 실무를 실행하는 사람과 이를 관리하는 사람 사이에는 격차가 존재하고, 자금을 할당하고 정책을 규정하는 사람과 그것을 실행할 의무가 있는 사람 사이에는 간격이 발생한다. '의사', 'A 병동', '간호부', '화요일 밤 볼링 동아리', '응급실', '주말형 인간', '창단 멤버', '새내기' 등과 같은 이름을 붙이는 제한된 사회 조직, 그룹, 전문 직업군에는 긍정적인 측면이 있다. 경계는 부정적인 의미와 종종 연관되어 있지만 - 그 상황을 멈추거나 극복해야 할 장벽이라 해도 - 많은 상황에서 경계는 명확한 기회나 이점을 제공하기도 한다. 예를 들어, 팀이나 그룹의 제한된 구성원이 되어 '나'의 집단이 누구인지, '나'의 사람들이 울타리나 격차를 넘어 어떻게 상호작용을 하는지 파악하여 포용의 문화를 조성하는 것은 유용하며 종종 동기부여가 되기도 한다. 예컨대, 무균 상태를 유지하거나 타인과의 불필요한 접촉을 피하고자 과제 주변에 일시적인 경계를 확고히 하는 것도 유용하다(Mesman, 2009). 장애물과 같은 경계는 방해가 되거나 도움이 될 수도 있다.

의미 있는 경계는 보다 개념적인 수준에서도 찾을 수 있다; 기존의 안전 관점에서 생각하는 사람과 새로운 관점(Safety-II)을 수용한 사람 사이, 시스템의 현장측과 관리측에 있는 사람 사이, 또는 가상일(Work-as-Imagined)에 집중하는 사람과 실제로 실제일

(Work-as-Done)을 담당하는 사람 사이에서도 찾을 수 있다. 그러나 다른 경계도 있다; 인간의 사회학적 패턴과 심리적 특성의 경계, 학과, 병동, 부서 및 전체 조직과 보건의료 시스템의 구조와 사일로 등의 경계도 존재한다.

환경 전반에 걸쳐 RHC의 잠재력을 완전히 실현하려면 조직, 서비스 수준 및 기능적 경계를 넘나드는 효과적인 소통이 필요하다. 그리고 우리가 발견한 다양한 사일로를 극복해야 하며 우리가 경험하는 물리적, 사회적, 기술적, 개념적인 다양한 격차(Gaps)를 줄여야 한다.

경계의 개념화

경계를 넘나들며 일한다는 개념을 확장하려면 이것이 무엇을 의미하는지를 더 정확하게 설명할 필요가 있다. 경계란 무엇을 의미하는가? 경계를 파악할 수 있다면 이는 무엇을 의미하는가? 다음은 간단한 마인드맵 개념이다(핵심 생각에서 다른 생각으로 분기하여 중심의 '경계' 개념과 직접적으로 관련된 생각을 묘사). 이는 우리가 사용하는 단어에서 볼 수 있듯이 경계(Boundaries)라는 개념과 연관된 개념이다(그림 1.1).

경계는 가장자리, 한계, 하위 시스템의 주변 또는 경계선, 문화나 행동 등을 나타낸다면, 그다음 질문은 그 공간에 무엇이 있으며, 두 경계 사이를 중재하는 틈은 무엇인지에 관한 것이다. 이 공간 사이는 종종 제한적인 장단점, 가능성과 위험이 있을 수 있다. 다음은

제 I 부 서문

시스템의 다양한 시점과 지점에서 완충 및 지연 메커니즘으로 작용할 수 있는 격차(Gaps)에 대한 두 번째 마인드맵이다(그림 1.2).

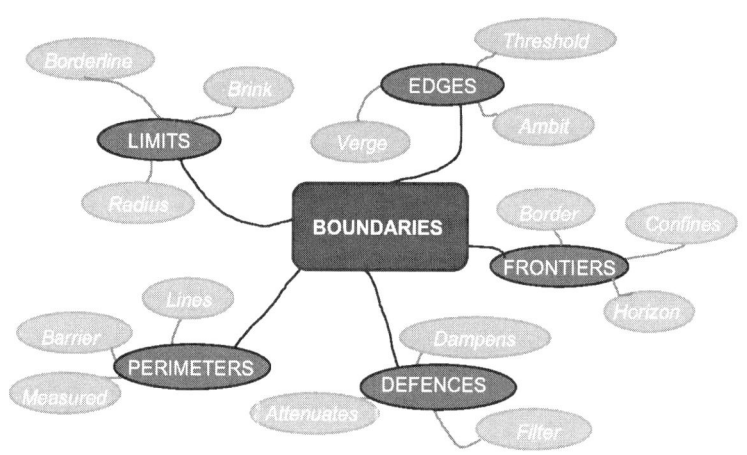

[그림 1.1] 경계, 개념화

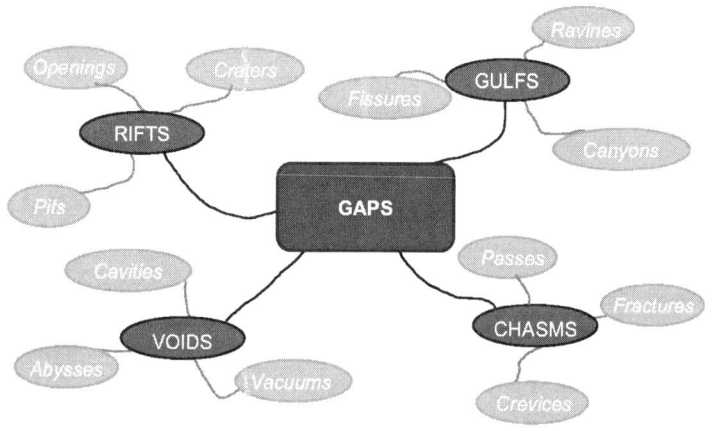

[그림 1.2] 격차, 개념화

1. 소개: 현재까지의 여정과 앞으로의 계획

유의어 사전분류 방식으로 경계와 격차의 관계에 대한 특징을 알아봤다면 세 번째 개념은, 격차를 해소하는 것에 대한 질문을 하는 것이다; '경계 극복'의 핵심 메커니즘. 격차 가교형성(Gap bridging), 또는 경계를 넘나드는 조치는, 경계를 구분하는 격차를 조정하는 방법이다. 이는 본질적으로 특정인에게 부여된 능력이다: 예를 들어, 탐구자, 조정자, 전문가 또는 범세계주의자 등으로 분류되는 사람들이다(그림 1.3).

그림 1.3에 제안한 것과 같이, 격차의 가교형성 활동은 종종 공간 사이에 존재하거나 이익을 위해 그 공간을 넘나드는 사람들에게는 자원이 된다.

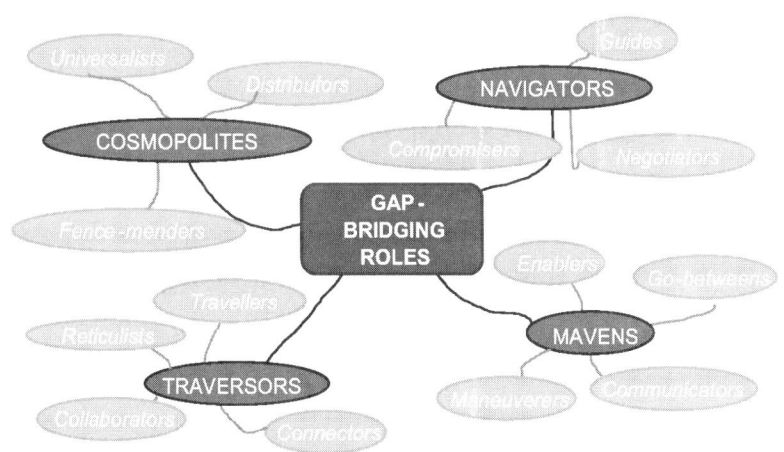

[그림 1.3] 격차 가교형성 역할 개념화

이러한 역할을 하는 사람들은 일종의 중간 수준의 활동가일 수도 있고, 선 또는 악을 위한 세력일 수도 있다. 이것을 조명하는 것이 Burt(1992)가 가정한 소셜네트워크 분석의 구조적 공백(Structural holes) 이론이다. 이 이론에 따른 두 가지 주요 역할은 네트워크에서 발생하는 공백, 격차 또는 사회적 공간을 연결하는 테르티우스 융겐스(Tertius iungens: 자신의 이익을 떠나 새로운 연결이나 협업 시도)는 다른 사람을 위한 기회를 창출하고 정보 흐름과 창의적인 아이디어를 육성한다. 다른 자아인 테르티우스 가든스(Tertius gaudens: 자기중심적 이익을 얻는 제 3자)는 장애물을 만들고, 정치를 하며, 정보를 고갈시키고, 자신이 맡은 역할을 통해 자기중심적 이익을 얻는 '제 3자'의 역할을 한다(Burt, 1992; Braithwaite, 2010, 2015 참조).

이러한 개념을 이해하면 우리는 저자가 설명하는 다음 장의 내용을 파악할 수 있다. 이 책의 2부, 3부, 4부에서 우리는 '경계 극복하기' 개념을 다루는 다양한 지적, 학술적 기여를 보게 될 것이다. 또한, 일상에서의 통합적 실행력(Resilient performance)에 대해서도 배울 수 있다 - 경계와 경계 사이, 경계선과 격차, 이들 간의 가교를 형성하는 사람들과 함께 보건의료 활동에 대하여 배운다.

1. 소개: 현재까지의 여정과 앞으로의 계획

이 책의 목적

이 책은 RHC의 목표에 이르는 계획에 따라 시리즈의 여정을 이어가며, 경계를 인식하고 이해하여 강점을 활용하고 약점을 극복함으로써 보건의료에서의 유연한 행동을 발현할 수 있는 사례를 논증하고 있다. 경계를 극복하는 목적은 일상적인 임상 환경에 존재하는 잠재적이고 명확한 경계를 더 깊이 이해함으로써 RHC 원칙을 통해 현장 의료진이 효과적으로 일할 수 있는 방법을 보여주는 것이다. 이는 또한 환자와 지지단체, 관리자, 정책 담당자, 환자 안전 및 품질 책임자 등 의료 분야에 종사하는 사람들 – 더 나은 보건의료를 만들고 싶은 누구에게나 유용하다.

저자들은 경험과 관련된 일련의 사례연구, 이론 및 적용 방법을 제시하고 아이디어를 창출하며 실용적인 해결책을 제공함으로써 이를 수행한다. 독자들도 보게 되겠지만, 각 챕터에서는 갈등 해결방법, 환자 유동관리에 대한 장해 극복, 협상을 통한 관계구축 등 다양한 문제를 다루고 있다. 저자들은 실제 문제를 해결하기 위해 단일한 방법을 채택하기보다는 다양한 접근방식을 활용했으며, 각 챕터는 과학적인 목적과 교육적인 목적 모두를 충족한다.

제 I 부 서문

저자들의 과제: 다음 단계

우리는 저자들에게 두 가지 사항을 염두에 두고 집필하도록 요청했다: 첫째, 이 시리즈의 가장 중요한 과제는 RHC의 본질을 심층적으로 탐구하고 이를 통해 우리의 이해를 최대한 넓히는 것이다. 둘째, 가교를 넘나들며, 목적 지향의 상황 대응, 장해물을 탐색하고 확립하며 제거하는 과정을 분석함으로써, 또는 단순히 우리가 직면하고 때로는 이용하는 경계를 더 깊이 이해하도록 도와줌으로써 독자들이 그 경계가 어디든 관계없이 대처할 수 있도록 한다. 따라서 우리는 보다 통합적이며 상황 대응적인 보건의료를 제공하는 데 도움을 줄 수 있으며 그 방법을 보다 명확하게 인식하도록 도울 수 있다.

이것이 이 책의 목표이다. 이어지는 챕터에서는 경계를 극복하는 일에 저자들이 어떻게 답하는지 - 선택한 방향, 탐색한 영역 및 질문에 대한 답을 볼 수 있다.

참고문헌

Braithwaite, J. (2010). Between-Group Behaviour in Health Care: Gaps, Edges, Boundaries, Disconnections, Weak Ties, Spaces and Holes. A Systematic Review. BMC Health Services Research, 10(1), 330.

Braithwaite, J. (2015). Bridging Gaps to Promote Networked Care Between Teams and Groups in Health Delivery Systems: A

1. 소개: 현재까지의 여정과 앞으로의 계획

Systematic Review of Non-Health Literature. BMJ Open, 5(9), e006567.

Braithwaite, J., Wears, R. L., & Hollnagel, E. (Eds.). (2016). Resilient Health Care, Volume 3: Reconciling Work-as-Imagined and Work-as-Done. Farnham, UK: Taylor & Francis Group.

Burt, R. S. (1992). Structural Holes: The Social Structure of Competition. Chicago, IL: University of Illinois at Urbana.

Hollnagel, E., Braithwaite, J., & Wears, R. (Eds.). (2013). Resilient Health Care. Farnham, UK: Ashgate Publishing.

Hollnagel, E., Braithwaite, J., & Wears, R. (Eds.). (2018). Resilient Health Care, Volume 4: Delivering Resilient Health Care. Abingdon, UK: Routledge.

Mesman, J. (2009). The Geography of Patient Safety: A Topical Analysis of Sterility. Social Science and Medicine, 69(12), 1705–1712.

Wears, R., Hollnagel, E., & Braithwaite, J. (Eds.). (2015). Resilient Health Care, Volume 2: The Resilience of Everyday Clinical Work. Farnham, UK: Ashgate Publishing.

제 I 부 서문

2 여정: 통합 보건의료 I 의 경계 탐색

Jeffrey Braithwaite
Macquarie University

Erik Hollnagel
Jönköping University

Robert L. Wears
University of Florida
Imperial College London

【목차】
레질리언트 실습 탐색 ··· 14
경계 탐색 ··· 15
참고문헌 ··· 17

2016년 8월 17일; RHCN(Resilient Health Care Network) 여름 회의가 끝날 무렵이었다. 우리 세 명은 - Erik, Jeffrey, Bob - 미델파르트 선착장에 돛과 디젤 엔진을 갖추고 정박해 있는 에릭의 요트인 할버그-래쉬 94에 탑승했다. 그날은 덴마크의 긴 여름 저녁이

---

* 이 여정을 시작한 지 1년이 채 되지 않은 2017년 7월 16일, 우리의 친구이자 동료, 영감을 주는 존재이자 멘토였던 Bob이 세상을 떠났다. 그가 남긴 공백은 엄청나며, RHCN과 환자 안전 분야에서 그를 사랑했던 모든 사람이 그의 부재를 느끼고 있다. 이 책을 그에게 바친다.

2. 여정: 통합 보건의료 I의 경계 탐색

었고, 우리는 3일간의 집중 토론을 마친 후 약간의 휴식을 취할 준비를 하고 있었다.

날씨는 따뜻했고, 산들바람이 불었으며, 발트해의 릴레벨트 해협으로 알려진 보호구역에는 다른 선박이 많지 않았다. 상상을 초월할 정도의 힘난한 항해 조건이 아니었고 항해하는 동안 우리의 만남 장소인 콜딩피오르드로 향하는 도중, 12세기에 지어진 성으로 지금은 호텔로 사용되고 있는 한즈가블 슬롯이 우현에 있었고 개인 소유의 파뇌섬은 좌현에 있었다.

RHCN 회의는 언제나처럼, 강렬하고 자극적이며 생산적이었다. 보브는 이 회의를 긴 토론이 강조된 일련의 짧은 프레젠테이션으로 묘사한 적이 있다: 통상 발표자는 질의응답 시간이나 토론에 할애하는 시간이 거의 없이 주어진 짧은 시간 동안 수동적인 청중에게 최대한 많은 것을 전달하는 이미지와 유사하였다.

회의 참가 인원은 약 60명 내외로 제한하며, 정회원이거나 오랜 기간 회원으로 활동한 회원이라도 제출된 초록을 모두 수락할 수는 없다. 참여하는 사람들은 돌아가며 발표하거나 청중이 되기도 한다. 이 구조는 이탈자가 거의 없다는 것이다: 모두가 토론에 참여하게 된다.

또한 다른 면에서도 일반적인 회의보다 인지적으로 더 도전적이다. 우리는 레질리언스를 진정으로 또 의도적으로 깊이 파고들어, 그 본질, 윤곽 및 관점을 이해하려 노력한다. 참가자 60명은 단순히 회의에만 참석하는 것이 아니라 식사도 하고 친목도 도모하며 네트워크를 형성한다. 일부는 함께 운동하거나 주변을 산책하기도 한다.

제 I 부 서문

3일 내내 레질리언스 작동 방식과 의미, 잠재력에 대한 이해를 어떻게 발전시킬 수 있는지에 대한 생각을 하지 않는 순간은 거의 없다. 사실은 휴가 캠프라기보다는 훈련소에 가깝다. 이러한 어려움에도 불구하고, 어쩌면 그 어려움 때문에 참석한 모든 사람이 매우 만족스러워한다는 것에 동의한다.

RHC 창립 초기부터 우리 셋은 참가자로서의 역할 외에도 편집 업무를 맡게 되었다. 우리는 회의 진행 중이거나 휴식 시간에 각자가 들은 강연과 그로 인해 촉발된 토론 내용을 메모하고, 주제와 아이디어가 떠오르는 대로 추적하고 매핑하며, RHCN 시리즈의 후속 책을 어떻게 구성하는 것이 가장 좋을지 고민했다. 이전 네 차례에 걸쳐 RHCN 회의에서 얻은 정보가 해당 책의 자료 대부분을 제공했고, 비록 특정 주제에 대해 잘 알고 있지만 어떤 이유로든 그해 회의에 참석하지 못한 사람들로부터 한두 챕터를 보충하려고 노력하기도 했다.

레질리언트 실습 탐색

온화한 날씨에도 불구하고, 그날 저녁 항해는 즐거운 놀이만은 아니었다. 항해의 기쁨과 바다 내음을 만끽하면서도 우리는 생각을 정리하고 있었고, 비록 겉으로 드러나지는 않았지만 그 생각들이 이 책을 완성하는 데 도움이 되었다.

보브는 이전에 항해 경험이 있었기 때문에 복잡한 수로와 잠재적

2. 여정: 통합 보건의료 I 의 경계 탐색

위험이 있는 얕은 수심의 바다에 익숙한 에릭의 안내에 따라 해안으로 돌아오는 길에 키를 잡을 수 있었다. (안전을 연구하고 글을 쓰며 학문적 명성을 쌓아온 세 사람이 회의가 끝난 바로 그날 오후에 좌초하는 것은 좋은 모습이 아니었을 것이다.) 초보 선원인 제프리는 명예 갑판장이 되어 보이스카우트의 로프와 매듭에 대한 지식을 여전히 기억하며 열정적으로 활용했다.

항해 역할이 정해지지 않은 채 자연스럽게 우리가 채택한 방식에 웃음이 나왔다. 누가 먼저랄 것도 없이, 우리는 상황에 대처하며 움직이고 있었다 - 유연하게 대처하고 조정하며 각자의 역할을 즐겼고 효과적이고 원활하게 안전한 항해에 필요한 작업을 수행했다.

우리는 얕은 수심과 다른 배를 조심하고 항해 중 충돌이나 좌초의 잠재적 위험에 대해 경각심을 갖고 있었지만, 오류를 제거하는 데 집중하기보다는 일이 제대로 진행되는 것에 무의식적으로 중점을 두고 있었다. 물론 위험 부담이 큰 환경은 아니었지만, 그럼에도 불구하고 자연스럽고 편안한 새로운 안전(Safety-II) 접근방식을 채택하고 있다는 생각이 들었다.

경계 탐색

2시간의 여정은 이 책의 구조와 내용을 개발하기 위해 예정했던 그 어떤 공식적인 회의보다 훨씬 더 유익했다. 항해하며 서로 이야기를 나누었고, 정박한 후에는 저녁 식사를 하며 책의 형식에 대한 초기

제 I 부 서문

아이디어를 도출해 냈다. 우리는 그동안 듣고 생각했던 내용에 대해 논의하며 어떤 챕터가 이 책에서 논리적 위치를 차지할지 고민했다.

짧은 항해는 우리가 의식적으로 설계할 수 있었던 것만큼 이 책에 대한 은유로 적절했다. 만을 여유롭게 한 바퀴 도는 항해에 불과했지만, 이 여정은 몇 가지 유용한 점을 보여주었다. 기존의 조건에 길들여지지 않았고 우리가 선택한 길을 탐색하고 있었다. 사전에 계획하거나 기존 절차를 따른 것이 아니라 우리의 행동, 소통 및 역할은 기본부터 시작되었다. 그리고 역할 경계, 물리적 경계, 항해 경계, 항해 지식, 해류 및 수로, 피오르드의 다른 배와 같이 경계를 넘나들고 있었다.

꽤나 순조로운 여정이었던 이번 탐험의 틀을 잠시 멈춰보자. 이제 핵심 질문은 다음과 같다: 좋은 치료를 제공하기 위해 의료 환경의 경계는 어떻게 탐색할 수 있을까? 이는 이 책과 그 전작 RHC 시리즈(Braithwaite, Wears, & Hollnagel, 2016; Hollnagel, Braithwaite, & Wears, 2013, 2018; Wears, Hollnagel, & Braithwaite, 2015)에서 반복적으로 다루고 있는 격차, 불연속성, 주변 및 경계선이 임상 실무의 고유하고 불가피한 특징이며, 어떻게든 처리, 대응, 극복 또는 관리해야 하는 창작조건이기 때문에 제기된 질문이다.

이해하기 쉬운 대답은 우리가 항해 중에 마주치는 조건을 탐색하는 것처럼 사람들은 항상 보건의료의 경계를 탐색한다는 것이다.

항해(navigating, 어원 라틴어 navigatus)가 어려운 지형에서 항로를 개척하는 것을 의미한다면, 사람들(임상의, 보조 스태프, 관리자)은 일상 활동에서 지속적으로 이 일을 수행한다. 사람들은 자신이 처한 환경에서 다른 사람들과 협력, 협상, 교환, 거래 또는 상호관계를 맺으며 복잡한 상황에서도 성공적으로 의료 서비스를 제공한다(Braithwaite, Clay-Williams, Nugus, & Plumb, 2013; Robson, 2015). 그들은 신체적, 사회적, 동종적, 지적, 이념적, 인지적, 정치적 등 모든 종류의 경계를 넘나들며 일한다.

우리는 개별 에이전트, 단체 및 팀이 현장에서 실행하며 보건의료의 환경을 극복하는 챕터에서 이를 더 자세히 살펴볼 수 있다. 그들은 생존하고 성장할 뿐만 아니라 환자의 안전을 지키고, 중요한 일상적인 양질의 의료 서비스를 공동으로 창출한다(Braithwaite, Runciman, & Merry, 2009). 이 문제를 짚어보고, 사람들이 직면하는 경계를 다양한 방식으로 활용하거나 극복하는 사회적 방식을 살펴보고, 상황 대응적이며 통합적인(Resilient) 치료를 실행하기 위해 협력하는 것이 이 책의 나머지 부분에서 다루고 있는 과제이다.

참고문헌

Braithwaite, J., Clay-Williams, R., Nugus, P., & Plumb, J. (2013). Health Care as a Complex Adaptive System. In E. Hollnagel, J. Braithwaite, & R. Wears (Eds.), Resilient Health Care (pp. 57-76). Farnham, UK: Ashgate Publishing.

제I부 서문

Braithwaite, J., Runciman, W. B., & Merry, A. F. (2009). Towards Safer, Better Healthcare: Harnessing the Natural Properties of Complex Sociotechnical Systems. Quality & Safety in Health Care, 18(1), 37–41.

Braithwaite, J., Wears, R. L., & Hollnagel, E. (Eds.). (2016). Resilient Health Care, Volume 3: Reconciling Work-as-Imagined and Work-as-Done. Farnham, UK: Taylor & Francis Group.

Hollnagel, E., Braithwaite, J., & Wears, R. (Eds.). (2013). Resilient Health Care, Volume 1. Farnham, UK: Ashgate Publishing.

Hollnagel, E., Braithwaite, J., & Wears, R. (Eds.). (2018). Delivering Resilient Health Care, Volume 4. New York, NY: Routledge.

Robson, R. (2015). ECW in Complex Adaptive Systems. In R. Wears, E. Hollnagel, & J. Braithwaite (Eds.), Resilient Health Care, Volume 2: The Resilience of Everyday Clinical Work (pp. 177–188). Farnham, UK: Ashgate Publishing.

Wears, R., Hollnagel, E., & Braithwaite, J. (Eds.). (2015). Resilient Health Care, Volume 2: The Resilience of Everyday Clinical Work. Farnham, UK: Ashgate Publishing.

제II부

경계를 극복하기 위한 협상

3 경계를 극복하는 일: 공감적 협상기술을 이용한 보건의료의 가치 창출 및 안전 확보

Andrew Johnson and Paul Lane
Townsville Hospital and Health Service

Michael Klug
Clayton Utz

Robyn Clay-Williams
Macquarie University

【목차】

배경 ·· 22
   보건의료 협상기술 사례 ································· 23
   보건의료 협상실무 ··· 25
이해 기반(통합적) 협상 ······································ 26
   두 자매와 오렌지 하나 ··································· 27
협상 스타일 ·· 29
'그린 크레딧'(Green Credits) ······························ 34
결론 ·· 36
참고문헌 ··· 37

제II부 경계를 극복하기 위한 협상

배경

협상은 정확한 결과에 대한 모호성이 있을 때 둘 이상의 사람들이 서로의 차이점을 해결하거나 탐색하는 과정이다. 이해기반 협상(IBB: Interest-Based Bargaining)은 당사자들이 상대방의 이해관계를 이해하고 자신의 이익에 맞춰 조정함으로써 차이점을 해결하는 협상의 한 형태이다. 협상 이론의 핵심은 통합적(이해기반) 협상과 분배적 협상을 구분하는 것이다. 이는 당사자들에게 단순히 가치를 배분하는 것이 아니라 전형적인 상생 해법을 창출할 가능성이 생긴다.

이 과정의 부산물은 상대방의 관심사와 목표에 대해 더 많이 이해함으로써 경계를 넘나들며 협력하고 관계를 구축하며 가치를 창출함으로써 상대방을 존중하는 태도를 기르는 것이다.

협상의 이론과 실제는 경영학 문헌에 잘 설명되어 있지만, 보건의료 분야에서 주축이 되는 협상 이론의 활용은 제한적이다. 의료기금 제공자 및 제공기관의 기본적인 활동은 행동 방식에 영향을 미치고 서비스를 제공하여 지역 사회에 더 나은 의료 결과를 창출해내는 것이다. 이는 협상기술을 활용하여 무엇이 필요하고 어떻게 제공하는 것이 최선의 방법인지를 결정함으로써 달성할 수 있다. 임상 실무와 협상의 관련성은 잘 알려져 있진 않지만, 다른 임상 기술만큼 중요할 수 있다. 이는 행동 방식에 영향을 주고 환자, 동료 및 이해관계자와의 관계구축에 중요한 메커니즘으로 작용한다.

그러나 의료 서비스 제공에는 본질적인 모순이 있다. 일반적으로

3. 경계를 극복하는 일: 공감적 협상기술을 이용한 보건의료의 가치 창출 및 안전 확보

성과중심 목표의 결과는 - 건강, 응급 서비스, 외과적 개입 등의 개선 - 종종 응급 상황에서 분배적 또는 경쟁적 행동 방식을 조장할 수 있다. 이는 관계에 해를 끼치면서까지 결과에 초점을 맞추는 '목적이 수단을 정당화 한다'는 행동으로 이어질 수 있다.

협상 공간에서 진정한 역량을 배우면서 결과의 질을 희생하지 않고도 측정 가능한 수준으로 향상시킬 수 있다는 점을 이해하면 문화적이며 비용절감의 효과를 누릴 수 있다. 전문적인 지식을 희생하지 않고도, 종종 무시되는 이 규율을 가르침으로써 보건의료 시스템에 저비용 또는 무상으로 가치가 창출될 수 있다.

보건의료 협상기술 사례

2014년, 퀸스랜드 공공 보건의료 시스템은 고용 계약을 둘러싸고 고위 의료진과 장기간에 걸친 분쟁에 휘말려 피해를 보았다. 협상기술 교육을 위한 시범사업은 보건부와 상업적 계약을 맺은 협상기술 전문가가 개발하였다. 이 사업의 뛰어난 피드백을 바탕으로 보건의료 분야 고위 임상의 및 의료 관리자를 위한 교육으로 확대 적용하게 되었다. 교육은 2015년에 공식적으로 평가되었으며(Clay-Williams et al., 2018), 그 결과 실무에 변화를 불러와 지속적인 개선을 위한 중요한 계획을 이끌어 냈다.

말호트라(Malhotra and Malhotra, 2013)는 임상 실무에 적용할 수 있는 기술로서의 협상에 대한 글을 썼는데 협상이 환자, 실무 의료진 및 고위 경영진에게 더 나은 결과를 달성하기 위해 어떻게 영향을 미칠 수 있는지에 대한 설득력 있는 사례를 제시하고 있다. 우리의 교육에서도 비슷한 사례를 발견했다. 아나스타키스(Anastakis, 2003)는 수요기반 협상모델을 묘사하고 이를 실무자가 부서를 관리하고 경영진으로부터 필요한 자원을 도출하는 핵심 기술로 적용하고 있다.

복잡적응시스템(CAS: Complex Adaptive System)으로서의 보건의료를 이해하기 위해 수행된 작업(Braithwaite, Clay-Williams, Nugus, & Plumb, 2013; Johnson & Lane, 2016)은 권한의 적용보다 협상이 영향력을 통해 결과를 달성하는 데 힘이 될 수 있는 이유를 설명하는 데 도움이 된다. CAS에서 갈등이 발생할 가능성이 더 높은 이유에 대한 설명도 있으며(Robson), 효과적인 작업을 위한 TenC 모델에 대한 설명도 있다(Lane, Clay-Williams, and Johnson, 2015).

이 모델은 보건의료 시스템 내에서 통합력을 창출하기 위해 상호 연관된 10가지의 품질요소를 제안하며 현재 검증 중이다. 각 요소(요인 또는 인자)는 다른 요소에 영향을 미치며 다른 요소를 보완할 수 있다. 10C는 다음과 같다: 화합(Cohesion), 수집(Capture), 인지(Cognition), 소통(Communication), 문화(Culture), 명확한 주인의식(Clear Ownership), 제약 조건(Constraints), 도전(Challenge), 역량(Competence) 및 규정 준수(Compliance).

보건의료 분야에서 흔히 볼 수 있는 이론적 기반 모델과 달리 TenC 개념은 지난 10년 동안 일선 병원 임상의와 관리자들의 경험과 성찰을 통해 탄생했다. 협상기술은 현장에서 결속을 구축하기 위한 주요 메커니즘으로 제안되었다(항상 논쟁의 여지가 있지만 모델

3. 경계를 극복하는 일: 공감적 협상기술을 이용한 보건의료의 가치 창출 및 안전 확보

의 핵심요소이다).

TenC 모델을 개발한 이후 더 나은 치료를 위한 체계(Framework for Better Care; Johnson, Clay-Williams, & Lane, 2017)를 개발하여 협상기술을 환원 불가능한 복잡성과 불확실한 결과가 나온 상황에서 효과적인 치료를 위한 핵심 도구로 파악하고 있다. 이 체계는 RACMA(Royal Australasian College of Medical Administrators)에서 새로운 임상 거버넌스 체계를 뒷받침하는 시스템 사고를 설명하기 위해 채택되었다(Clay-Williams, Travaglia, Hibbert, & Braithwaite, 2017). 최근의 백서(Institute of Healthcare Improvement 2017)에서 안전하고 신뢰할 수 있으며 효과적인 치료에 필요한 9가지 요소 중 하나로 협상을 꼽았다(Frankel, Haraden, Federico, and Lenoci-Edwards, 2017).

보건의료 협상실무

협상에 대한 다양한 접근방식이 학술 문헌과 대중 언론에 소개되어 있다. 이러한 접근방식은 제4장에서 자세히 서술하고 있으며(Robson), 일반적으로 권력 기반, 규칙 기반, 이해 기반 및 사회 구성주의 관점으로 분류된다. 각 접근법에는 비판적 시각이 존재하며, 분명 그 이유도 있다. 이 챕터에서는 이해 기반 접근방식의 적용 사례를 살펴보고자 한다.

보건의료는 가장 인간적인 노력의 산물이다. 사람과 그들의 이해관계로 가득한 세상이며, 조직과 커뮤니티의 사람들, 환자, 스태프

를 위한 결과를 창출하는 관계에 큰 가치를 둔다. 이 챕터에서는, 하나의 협상 이론과 실습인 IBB('이론적 협상'으로 알려져 있다; Fisher, Ury, & Patton, 2011)에 중점을 둔다. 갈등을 사소하게 여기고, 맥락과 상황의 역할을 경시하며, 협상 방법을 지나치게 단순화한다는 이유로 다양한 비판을 받기도 하지만, 이 접근방식은 미묘한 형태로 보건의료 분야에 적용할 가능성이 크다고 믿는다.

우리의 전제는, CAS의 복합적 환경에 존재하는 경계는 유동적이고, 상호 간 통할 수 있으며, 시간에 따라 변화하고 본질적으로 협상이 가능하다는 것이다.

이해 기반(통합적) 협상

유용한 출발점으로 IBB(통합적) 협상과 분배적 협상을 구분하는 것이다. 다른 분야와 같이 보건의료에서도 우리가 왜 협상을 원하는지에 대한 진정한 근거를 탐구하지 않고, '원하는 것을 얻기 위한' 메커니즘으로 간주하는 경향이 있다. 이는 필연적으로 한쪽이 좋은 결과를 얻기 위해서는 다른 쪽의 결과가 감소하는 분배적 협상에 이르게 된다. 통합적 협상에서의 핵심은 무엇(What)보다 왜(Why)를 이해하는 것이다. 화해할 수 없고 상호 배타적인 결과보다는 양립할 수 있는 이해관계에 집중할 것을 권유하기도 한다(D. Malhotra and M. Malhotra, 2013). 이 챕터에서는 보건의료에서 통합협상의 적용 사례를 살펴보고 이것이 어떻게 경계를 넘어 협력하고, 의료 개선을 위한 열쇠를 제공하는지 보여줄 것이다.

3. 경계를 극복하는 일: 공감적 협상기술을 이용한 보건의료의 가치 창출 및 안전 확보

두 자매와 오렌지 하나

이 고전적인 비유는 1920년대 IBB의 창시자인 Mary Parker Follet (Follett, 1940)이 식품 저장고에 남아 있는 마지막 오렌지를 두고 다투는 두 자매의 이야기를 비유로 설명한 것이다. 두 자매는 서로 오렌지를 차지하려고 다투다 전통적인 분배 방식에 따라 각각 오렌지 절반씩 가져가는 것으로 타협점을 찾았다. 두 자매 모두 의도한 목적에 따라 정확히 원하는 결과의 절반을 달성한 것이다: 한 명은 주스를 추출하고 다른 한 명은 껍질로 케이크 맛을 내는 데 사용했다. 찌꺼기를 버린 후, 두 자매는 서로의 의도를 이해했다면 둘 다 원하는 결과를 100% 얻을 수 있었음을 깨달았다.

[사진] Courtesy of Andrew Johnson

돌이켜보면 각자 궁금증을 갖고 의문을 가질 필요가 있었다. "언니는 왜 오렌지를 원할까?" 이러한 호기심이 IBB의 필수 요소이다. 호기심은 환자 치료를 위한 또 다른 기본 자질의 기초가 된다. 캘

제II부 경계를 극복하기 위한 협상

리포니아 대학교 데이비스 의과대학의 전 학생처장에 따르면 호기심은 공감의 초석이라고 한다:

> 낯선 사람(분석 대상)을 공감할 수 있는 사람으로 바꾸는 것이 호기심이라고 생각한다. 환자의 감정과 생각에 관여하는, 즉 공감하려면 환자의 성격, 문화, 정신적, 육체적 반응, 희망, 과거, 사회적 환경 등 환자에게 충분한 호기심이 있어야 한다.   Fitzgerald(1999)

통합적 협상은 '공감적 협상'이라고 표현할 수 있을 것이다. 우리는 공감이 효과적인 리더십과 관리의 핵심요소라고 믿는다. 공감을 통해 우리는 다른 사람의 관점을 볼 수 있고, 그렇게 공감함으로써 이해관계를 통합하고 차이가 있는 경우 효과적인 절충안을 개발할 가능성을 모색할 수 있다. 이를 통해 이해관계를 조율하고 가치를 높일 수 있다. 공감과 자기주장 사이의 긴장을 파악하는 것은 협상의 주요 과제이며, 안타깝게 종종 나쁜 소식을 전해야만 하는 의무가 있는 의료계에서는 가장 어려운 과제이다.

사례 연구 1
부서 차원의 집중치료실 단계적 절차

집중치료실(ICU) 자원은 소중하고 비용이 많이 들며, 가용 자원을 할당하는 데 어려움이 있지만, 이해기반 협상을 통해 실행 가능한 해결책을 찾을 수 있다.
   시나리오는 두 명의 환자가 병상 하나를 놓고 경쟁하는 일반적인 상황이다. 예를 들어 수술 후 신경외과 환자 2명이 있는데 ICU 병상이 하나뿐일 경우를 들 수 있다.

3. 경계를 극복하는 일: 공감적 협상기술을 이용한 보건의료의 가치 창출 및 안전 확보

분배적 접근방식은 한 환자의 병상을 거부하는 것인데, 이 경우 수술이 취소되고 환자가 위험에 처할 가능성이 있다는 것이다. 이해기반 접근방식은 병상에 대한 부족과 계획된 수술을 둘러싼 문제를 이해하려고 시도한다.

이 상황에서의 한 예로, 수술 목록의 순서를 변경하여 오래 걸리지 않고 덜 복잡한 수술을 먼저 시행했다. 더 오래 걸리고 복잡한 두 번째 환자의 수술이 진행되는 동안 먼저 수술을 받은 환자는 ICU에서 면밀한 관찰을 받으며 여유롭게 회복할 수 있었다.

두 번째 환자가 ICU로 옮겨질 준비가 되면 첫 번째 환자는 안전하게 신경외과 병동으로 옮길 수 있었다. 이해기반의 협력적 협상방식을 채택함으로써, 임상팀은 비용 증가 없이 잠재적 피해를 줄이고 의료 서비스의 가치를 높일 수 있었다.

협상 스타일

공감은 협상 당사자들의 이해관계를 파악하는 데 도움이 되지만, 실제 협상을 진행하는 것은 다양한 협상 스타일을 통해서 이루어진다. 토마스는 다섯 가지 윤리적 협상 스타일을 자세히 설명한 바 있다(Institute of Health Improvement, Thomas, 1976): 협력형, 경쟁형, 회피형, 적응형 및 타협형. 사기 및 탈취형과 같이 비윤리적이거나 부적절한 유형도 있다.

성공적인 협상의 첫 번째 과제 중 하나는 협상가가 기본협상(Default negotiating) 스타일을 이해하는 것이다. 효과적인 협상가는 상황에 따라 다양한 스타일을 사용할 수 있다. 학습자가 기본 스타일을 파악하는 데 도움을 주기 위해 우리 교육에서 사용하는 도구는 상업적으로 이용 가능한 '유연 협상 스타일'(Flex Style of Negotiation, Lewicki & Hiam, 2007; Lewicki, Hiam, & Olander, 1996)이다. 이 협상의 접근방식으로 협상가는 협상 결과와 참가자 관계의

제II부 경계를 극복하기 위한 협상

중요성 정도를 반영한다(그림 3.1).

기본 스타일은 세 가지 주요 변수로 정의된다. 이는 참가자가 참여하거나 기피하는 정도, 규칙을 수용하거나 재정의하는 정도, 부여하거나 취하는 정도를 말한다.

협력자형은 쉽게 알아볼 수 있다. 그들은 택시 기사와 대화하고, 엘리베이터에서 얼굴을 마주 보며 대화에 참여하고, 유대관계와 결과를 원하는 사람들이다. 협력자형과의 만남은 즐겁다. 그들은 받는 것보다 주는 것이 많고, 물러나기보다는 참여하며, 규칙에 대한 관용이 제한적이다. 종종 협력자형은 다른 사람이 자신과 다른 방식으로 일하는 것을 이해하지 못하고, 스트레스를 받으면 경쟁하거나 회피하려는 움직임을 보일 수도 있다.

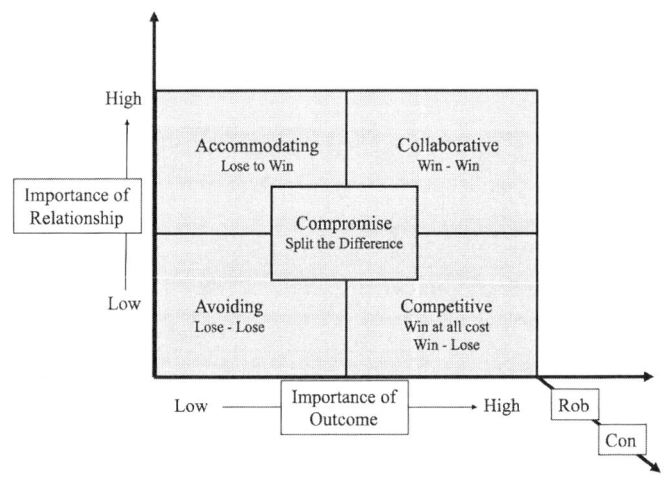

[그림 3.1]

협상 스타일. (Adapted from Lewicki and Hiam (2007); Lewicki et al. (1996).)

3. 경계를 극복하는 일: 공감적 협상기술을 이용한 보건의료의 가치 창출 및 안전 확보

경쟁자형은 인간의 역학관계에 대한 관심이 명백히 부족하며 매우 결과 지향적이다. 그들은 규칙을 자신에게 유리하게 받아들이고, 관계를 맺고, 이용한다. 또 어떤 대가를 치르더라도 이기고 싶어하기 때문에 장기적으로 가치를 창출하는 데 도움이 될 수 있는 장기적 관계를 발전시키거나 육성하지 않는다. 경쟁자형은 '사람들에게 친절하기 위함이 아니라 결과를 얻기 위해' 존재한다고 믿기 때문에 순전히 결과 중심적인 것을 정당화한다.

기피자형은 혼자 있고 싶어하며, '일하러 와서 내가 할 일을 하고 집에 간다'. 기피자형은 불만이 가득한 협력자일 수도 있고 복잡한 문제를 단순히 혼자 해결하는 것을 좋아하는 사람일 수도 있다. 그들은 자신이 받는 것보다 더 많이 주고 철회하는 경향이 있으며 틀에서 벗어나 생각하는 경향이 있고 세부 사항에 대한 뛰어난 안목을 갖고 있다. 기피자형은 대인관계와 결과에서 모두 손해지만, 역설적으로 기피자형과 협력자형의 큰 차이점은 참여 정도에 있다.

적응자형은 가장 친절한 사람으로 여겨진다. 그들은 생일과 아이들의 이름을 기억하고, 힘들어하는 동료들을 위해 꽃을 준비한다. 그들은 규칙을 제시하고, 참여하고, 받아들인다. 또한 관계를 중요하게 여기며 그 관계를 원하는 결과로 생각한다. 적응자형의 어두운 면은 그들이 부담감을 느끼기 시작하고 분개하며 갑자기 현장을 이탈할 때까지 주고, 또 주는 경향이 있다는 것이다. 그러나 다른 사람들은 무슨 일이 있었는지 잘 모른다.

타협자형은 본론으로 들어간다. 그들은 회의를 시작하면 '신속한 회의가 좋은 회의죠…' '이제 다 끝났죠?'라며 테이블을 두드린다.

제Ⅱ부 경계를 극복하기 위한 협상

타협자형은 결과와 관계를 중시하지만 협력자형보다 더 업무적이며 관계를 유지하면서 약간의 이득을 취하고 넘어가려 한다. 그들은 주기보다는 더 많이 받고, 감정적으로 관여하지 않으며 규칙을 받아들이는 경향이 있다. 이러한 측면에서 협력자형과는 상당히 다르다. 스트레스를 받는 타고난 협력자형은 다른 스트레스로 인한 반응보다 좀 더 자기 보호적이고 덜 파괴적으로 되어 유연하게 타협하는 법을 배워야 한다.

다행스럽게도, 비윤리적인 협상 스타일인 사기와 탈취는 의료계에서는 이례적인 것이다. 그러나 이러한 유형도 존재하며 그들과 함께 일하는 것은 매우 어려울 수 있다. 이 두 유형의 비윤리적 스타일 모두 자신이 주는 것보다 더 많은 것을 취하려 하며, 자신의 요구를 충족시키기 위해 관심을 끌거나(사기) 빼내기도(탈취) 하며 규칙의 방향을 틀거나 무시할 수도 있다. 이러한 스타일은, 특히 예상치 못한 협력자가 포함되어 팀을 파괴할 수 있다는 것을 우리는 경험을 통해 알 수 있다.

비윤리적 스타일의 사람들과 협상하는 것은 어렵고 다른 접근방식이 필요하다. 첫 번째 조치는 이러한 스타일을 찾아내고, 성공적 결과가 나오지 않는 것은 윤리적 스타일을 이용하는 협상가의 잘못이 아니라는 것을 인식하는 것이다. 두 번째 우리의 문제를 해결하기 위해 연합을 구성하는 것이 중요하다는 것을 알게 된다; 그들이 무엇을 하고 있는지를 인식하는 사람들과 팀을 구성하는 것이 중요하다. 세 번째는 여러분과 다른 사람들이 사용하는 협상 방식을 인식하고, 상황을 개선하기 위해 강력한 규칙, 관행 및 절차를 채택해

3. 경계를 극복하는 일: 공감적 협상기술을 이용한 보건의료의 가치 창출 및 안전 확보

야 함을 알리는 것이다. 이는 규칙에 방해를 느끼는 협력자들에게는 어려운 일이 될 수 있다

정보의 흐름이나 영향력의 범위를 통제하는 것도 도움이 될 수 있다. 오랜 시간 소모적인 논쟁을 벌이기보다 탈출구를 제공하는 것이 더 나을 수도 있다는 점을 인식하고 그들을 궁지에 몰아넣지 않는 것이 중요하다. 앞으로 나아갈 기회가 주어지면, 이들은 자신의 탁월함과 뛰어난 능력을 인정받을 수 있는 역할을 찾게 될 것이다.

저자는 이러한 협상의 어려움을 인식하고 규칙기반 접근방식으로 인내심과 끈기를 가질 것을 조언하고 싶다. 갈등 해결에 관한 다음 챕터에서는 이러한 방식으로 행동하는 사람들에게 자주 발생하는 상황을 관리하는데 도움이 되는 지침을 제공한다.

물론 이러한 협상 스타일 중 흑백논리로 구분되는 것은 없으며 모든 차원에서 단계적으로 변화한다. 그러나 각자의 기본 입장과 스트레스를 받을 때 협상 방식이 어떻게 변하는지 인식하는 것은, 가치를 분배하기보다 사람들과 협력하여 가치를 창출하기 위한 핵심요소이다.

IHI 백서(Frankel et al., 2017)에서는 '보건의료팀은 가능하면 협력형 협상을 활용해야 한다. 이는 자원을 관리하고 환자에게 최상의 옵션을 제공하며 당사자 간의 관계를 보존하는 실행 가능한 솔루션을 제공하는 유일한 협상 접근방식이다.'(p.16) 라고 제안한다.

일반적으로 협업이 가치를 창출할 가능성이 가장 높다는 것은 사실이지만, 협업이 실행 가능한 솔루션을 도출하는 유일한 접근방식이라는 것은 아니다. 유능한 협상가들은 상황에 맞게 자신의 스타일을 유연하게 조정한다. 때로는 장기적인 관계를 유지하는 것만큼 결

제Ⅱ부 경계를 극복하기 위한 협상

과가 중요하지 않을 때는 양보하고 수용하는 선택을 하기도 하다; 때로는 경쟁이 필요하고 긴박한 상황에서는 중요한 결과를 얻기 위해 관계를 후순위로 밀어야 할 때도 있다. 협상 과정에는, 일반적으로 '양보'가 존재하는데, 이는 협상하는 한 가지를 더 중요한 다른 것과 맞바꾸는 것이다. 본질적으로, 이 과정은 경계를 허물고 상호 이익을 위한 기회를 마련하게 된다.

자신의 기본협상 방식을 인지하는 것이 효과적인 협상 진행의 핵심이지만, 상대방의 관심사뿐 아니라 그 협상 방식까지 파악하는 것도 중요하다. 자신의 스타일과 상대방의 스타일 간의 상호작용은 성찰의 기회를 제공하며, 신중한 계획을 통해 필요한 경우 상대방(또는 자신)이 보다 건설적이고 가치 창출적인 접근방식으로 유연하게 대처할 수 있도록 도와준다. 즉, 당신이 자신을 위해 그렇게 하는 것처럼, 그들이 전시하고 있는 방식을 인식하도록 돕고 유연하게 하도록 격려하는 것이다.

'그린 크레딧'(Green Credits)

'그린 크레딧'은 탄소 거래에서 착안하여 개발한 개념으로, 협상 및 분쟁 해결을 위한 대안 분야에서 인정받는 전문가인 저자 중 한 명(MK)이 개발했다. 이는 협상 과정에서 신뢰가 쌓이는 것을 의미한다. 협상은 사례별 활동으로 간주될 수도 있고, 한 협상 경험이 다음 협상에 영향을 미치는 장기적인 과정의 일부로 인식될 수도 있

3. 경계를 극복하는 일: 공감적 협상기술을 이용한 보건의료의 가치 창출 및 안전 확보

다. 후자의 맥락에서 윤리적이고 가치를 창출하는 협상 스타일을 적용함으로써 상대방이 본인에게, 또는 본인을 위해 양보해야 할 필요성을 인식할 만큼 충분히 가치 있는 관계를 형성하는 '그린 크레딧'을 쌓을 수 있다.

즉, 수많은 협상을 통해 오랜 기간 공평하고 상호관계를 구축해 온 신뢰받는 동료는 경쟁적인 협상을 '받아들일' 가능성이 높으며, 협상자가 '그린 크레딧 은행'에서 양보할 수도 있다. 이는 관계의 중요성과 미래에 대한 상호관계를 알고 있으므로 가능한 일이다. 이러한 수준의 신뢰와 관용을 유지하려면 협상자는 절대 '적자 거래'를 해서는 안 된다. 즉, 어려운 상황에서 관계를 중단할지 여부를 결정할 때 관계의 신뢰 상태를 의식적으로 고려해야 한다.

절대적인 건설적 전략으로서 '그린 크레딧' 개발에 탁월한 지침도 제공한다(Fisher, Ury and Patton, 2011). 이 접근방식을 통해 협상자는 자신의 입장을 양보하지 않으면서 항상 좋은 의도를 갖고 행동할 수 있다.

'그린 크레딧'은 보존할 수도 있고 넘겨줄 수도 있으며 심지어 세대를 뛰어넘을 수도 있다. 이는 개인뿐만 아니라 조직 및 기관(의과대학 부속병원, 대학교 및 자선단체)에도 누적된다.

사례연구 2
시스템 차원의 의료 IBB

2005년, 퀸즈랜드 보건의료 시스템은 혼란에 빠졌었다. 수년간 산업계가 방치되고 주 정부는 경쟁력이 없는 고용주였다. 특히 지방에서 우수한 의료진을 유치하

제II부 경계를 극복하기 위한 협상

고 보유하는 것은 성과급 기반의 산업협약 하에서는 특히 문제가 되었다.

분다버그 지역의 죽음의 의사(Bundaberg's Dr. Death) 스캔들로 촉발된 위기 이후, 주 정부는 시스템과 이해관계자를 위한 가치 창출에 힘을 쏟음과 동시에, 의사들의 이해관계를 해결하기 위해 대안적인 형태의 산업 협상 사용을 승인했다.

몇 달에 걸쳐, 저자 중 한 명(MK)은 노동조합, 의사 단체, 고용주, 주 정부 관계자 등 산업 프로세스의 당사자들과 일련의 협상을 진행했다: 이 과정은 IBB의 원칙을 따랐으며 의료 IBB로 설명되었다.

이 과정을 통해 각 당사자는 그룹의 관심사를 파악했다. 상당 부분 중복되는 부분이 있었다. 이를 통해 나머지 이해관계를 통합하고 절충안을 개발하는 방법을 모색할 수 있었다.

예를 들어, 근무 시간: 실무자에게 5일이 아닌 4일동안 풀타임(40시간) 근무할 수 있는 시간적 유연성을 준다; 고용주는 이전에 허용했던 08:00-18:00 근무시간의 경계를 넘어 '정상 시간'에 근무자 명단에 올릴 수 있는 유연성 등을 높일 수 있게 하는 것이다.

그 결과 호주에서는 실무자에게는 매력적이고 고용주에게도 효과적인 보다 유연하고 매력적인 성과급 기반 고용제도를 조성할 수 있었다.

결론

의사와 환자 관계의 핵심은 서로의 관심사를 존중하고 이해를 기반으로 한 협상 스타일이다. 보건의료 서비스 제공이 점점 더 복잡해지고 치료 옵션이 다양해짐에 따라, 임상의를 위한 튼튼한 협상 기량을 개발하는 것이 어느 때보다 더 중요한 시기이다. 환자와 그 가족의 이해관계를 충분히 이해해야만 최선의 치료 결정을 내릴 수 있다.

의료 비용이 지속적으로 상승하여 환자, 임상의, 관리자 및 경영진에게 재정적 부담을 주는 시대에, 이해기반 협상의 역할은 - 원원

3. 경계를 극복하는 일: 공감적 협상기술을 이용한 보건의료의 가치 창출 및 안전 확보

결과 달성을 위한 노력을 통해 비용의 증가 없이 가치를 높이는 것(항상 열망하지만, 항상 달성하기 어려운) - 그 어느 때보다 중요해졌다. 이는 계획을 세우고 협상 프로세스를 지원하는 도구를 사용할 때 가장 잘 이루어진다는 것을 우리는 경험을 통해 알고 있다.

복잡한 문제를 해결하기 위해 - 종종 당황한 의료팀 리더가 - 전문 임상의를 모아야 하는 폐쇄된(silos) 의료 시스템에서, 이해기반 협상 프로세스는 이 어려운 작업을 완수할 수 있는 틀을 제공한다. 상대방의 문제를 이해함으로써 공감과 존중은 얻어지며, 다양한 환자그룹 간 협력이 강화되면 환자 치료가 개선된다. 협상은 경계를 넘어 가치를 창출하며, 보건의료의 안전을 확보하는 열쇠를 제공한다.

참고문헌

Anastakis, D. J. (2003). Negotiation Skills for Physicians. The American Journal of Surgery, 185(1), 74-78.

Braithwaite, J., Clay-Williams, R., Nugus, P., & Plumb, J. (2013). Health Care as a Complex Adaptive System. In E. Hollnagel, J. Braithwaite, & R. Wears (Eds.), Resilient Health Care (pp. 57-73). Farnham, UK: Ashgate Publishing.

Clay-Williams, R., Johnson, A., Lane, P., Li, Z., Camilleri, L., Winata, T., & Klug, M. (2018). Collaboration in a Competitive Healthcare System: Negotiation 101 for Clinicians. Journal of Health Organization and Management, 32(2), 263-278.

Clay-Williams, R., Travaglia, J., Hibbert, P., & Braithwaite, J. (2017). Clinical Governance Framework: A Report Prepared for the Royal Australasian College of Medical Administrators (RACMA). Melbourne, Australia: RACMA.

Fisher, R., Ury, W. L., & Patton, B. (2011). Getting to Yes: Negotiating Agreement Without Giving In. New York, NY: Penguin Books.

Fitzgerald, F. (1999). On Being a Doctor. Annals of Internal Medicine, 130(1), 70.

Follett, M. (1940). Constructive Conflict. In H. Metcalf & L. Urwick (Eds.), Dynamic Administration: The Collected Papers of Mary Parker Follett (pp. 30–49). New York, NY: Harper.

Frankel, A., Haraden, C., Federico, F., & Lenoci-Edwards, J. A. (2017). Framework for Safe, Reliable, and Effective Care: A White Paper. Cambridge, MA: Institute for Healthcare Improvement and Safe & Reliable Healthcare.

Johnson, A., Clay-Williams, R., & Lane, P. (2017, August). Using the Right Tool for the Job in a Resilient Healthcare System – Creating Value through a Framework for Better Care. Paper presented at the 6th Resilient Health Care International Symposium. Vancouver, Canada.

Johnson, A. & Lane, P. (2016). Resilience 'Work as Done' in Everyday Clinical Work. In J. Braithwaite, R. Wears, & E. Hollnagel (Eds.), Resilient Health Care, Volume 3: Reconciling Work-as-Imagined and Work-as-Done (pp. 71–88). Farnham, UK: Ashgate Publishing.

Lane, P., Clay-Williams, R., & Johnson, A. (2015, August). The TenCs Model: A Case from Townsville Australia. Paper presented at the 4th Resilient Health Care International Symposium. Sydney, Australia.

Lewicki, R. J. & Hiam, A. (2007). The Flexibility of the Master Negotiator. Global Business and Organizational Excellence, 26(2), 25-36.

Lewicki, R. J., Hiam, A., & Olander, K. W. (1996). Think Before You Speak: A Complete Guide to Strategic Negotiation. New York, NY: John Wiley & Sons.

Malhotra, D. & Malhotra, M. (2013, October 21). Negotiation Strategies for Doctors - and Hospitals. Harvard Business Review.

Thomas, K. W. (1976). Conflict and Conflict Management. In E. A. Locke & M. D. Dunnette (Eds.), Handbook of Industrial and Organizational Psychology (pp. 889-935). Chicago, IL: Rand-McNally.

제Ⅱ부 경계를 극복하기 위한 협상

4 보건의료의 갈등 해소

Rob Robson
Institute for Healthcare Communication

【목차】

배경 ··· 40
CASs와 갈등 ··· 42
갈등과 분쟁에 대한 대응 ·· 44
새로운 시각 ··· 47
보건의료 분야의 갈등 해소 ····································· 49
결론 ··· 52
참고문헌 ·· 53

배경

최근 그리스에서 휴가를 보내던 한 존경받는 고위 의료계 리더가 몇 년 동안 자신을 괴롭히던 문제에 대한 조언을 구하기 위해 잠시 델파이를 방문하기로 했다. 그녀는 델파이의 오라클이 어떤 해결책을 제시해 주기를 바라고 있었다. 문제는 다음과 같이 진행되었:

우리 의료 시설과 시스템에는 지적이고 헌신적이며 열심히 일하는 임상의, 간병인 및 관리자가 있음에도, 우리는 여전히 협업 활동

4. 보건의료의 갈등 해소

이 자연스럽게 이루어지는 지점에 도달하지 못한 것 같다 - 많은 사일로와 그들만의 소왕국은 외견상 독립적으로 운영되는 듯 보이며, 종종 환자, 가족 및 지역 사회의 요구에 부응하는 안전하고 양질의 의료 서비스를 제공하는 데 해를 끼친다. 왜 이런 일이 계속될까? 어떻게 해야 할까?

델파이에 도착하여 그 성가신 문제를 제기한 후 오라클의 능력이 이 문제를 압도할 수도 있다고 생각하며 기다려보기로 했다. 그런 후 멋진 풍경이 펼쳐진 주변을 방문하기로 했다. 그날 오후 다시 델파이에 돌아왔을 때 오라클의 몇 가지(주요 항목) 조언을 받을 수 있었다:

- 복잡적응시스템(CAS)이 상당한 불확실성과 예측 불가능함을 발생시킨다는 사실은 잘 알려져 있지만, 갈등을 일으키는 경향에 대해서는 잘 알려져 있지 않다.
- 보건의료는 개별 팀, 부서, 시설 또는 시스템 전체 차원에서 검토 여부와 관계없이 전형적인 CAS이다.
- 갈등은 시스템의 다양한 차원에서 다르게 나타난다.
- 특정 CAS의 갈등을 해결하려는 노력은 해당 시스템의 특성에 맞는 접근방식과 기법을 채택하는 것이 이상적이다.

그 리더는 만족하면서도 다소 당황했다. 오라클이 명확한 지침을 제공했기 때문에 만족했지만, 그 조언이 특정 시스템의 상황에서 어떻게 적용할 수 있을지에 대해서는 당황스러웠다. 이 챕터에서는 보건의료의 갈등을 해소하는 가장 효과적이고 적절한 방법을 결정하기 위한 조언을 분석하려고 한다.

CASs와 갈등

CAS의 중요한 특성은 무엇이며 이러한 특성이 갈등에 어떻게 기여하는가? 이러한 질문은 AIHI(Australian Institute of Health Innovation)의 최근 백서(Braithwaite et al., 2017)와 더불어 RHC(Robson, 2015) 제2권에서 검토된 바 있다. 이러한 자원은 CAS에 대한 학문적, 실무적 이해의 진화, 특히 갈등이 이러한 시스템의 본질적 요소로 부상하는 방식에 대해 자세히 설명한다.

간략하게, CAS는 일반적으로 유연하고 준투과성 경계로 이루어진 개방형 시스템이다. 이는 CAS가 시스템의 일반적인 한계 밖의 영향을 받기 쉽다는 것을 의미한다. 궁극적으로, CAS는 임의의 순간에 시스템을 구성하는 구성 요소와 에이전트 간의 동적이며 종종 예측할 수 없는 상호작용(종종 여러 단계에서 동시에 발생)의 결과로(자기 조직화로 알려진 프로세스를 통해) 발전한다. 이러한 동적 상호작용(에이전트는 주로 시스템 내 로컬 수준에서 상호작용하지만, 시스템 내외부 요인의 영향을 받고 이에 반응하는 반자율적인 것으로 설명되기도 함)은 발현(emergence)으로 알려진 과정을 통해 활동 패턴을 생성함으로써 시스템이 다양하게 변화하는 특성을

4. 보건의료의 갈등 해소

이해하는 데 도움을 준다. 본질적으로 CAS는 구성 요소와 임의의 CAS 특성을 규정하는 반자율적 에이전트 간의 관계와 기본적으로 관련이 있다.

CAS에는 불확실성이라는 개념이 내재되어 있으며 – 때로는 다루기 힘든 것을 언급하거나, 모든 구성요소, 에이전트 및 상호작용을 완전히 설명할 수 없는 무능력을 나타낸다 – 이는 시스템의 예측 불가능성으로 이어진다. 보건의료 시스템과 유사한가? 앞서 언급한 동적인 특성을 고려할 때 CAS를 완벽하게 계획하거나 통제할 수 없다는 것은 놀라운 일이 아니다. 다행히, CAS의 가치 및 목표에 더 부합하는 패턴을 권장하기 위한 관점에서 자기 조직화 및 발현에 영향을 미치는 방법을 배울 수 있다. 이것이 바로 CAS 내에서 갈등을 해결하기 위해 적절한 수단을 사용하는 문제가 중요해지는 대목이다. CAS의 근본적인 '운영 체제'를 반영하지 않는 접근방식이나 기술을 사용하는 경우 자기 조직화 프로세스에 영향을 미칠 수 없을 것이다.

CAS의 갈등은 어디에서 발생할까? 다수의 요소가 (많은 단계에서) 역동적으로 상호작용하기 때문에 일부 구성요소 또는 하위 시스템의 기능적 운영에 자원이 부족한 경우가 종종 발생한다. 보건의료에서, 이는 다양한 영역, 단위, 부서 또는 프로그램의 요구를 완벽하게 충족시킬 수 없는 상황으로 가장 쉽게 설명할 수 있다. 따라서 다양한 내외부의 에이전트 활동에 (주로 로컬 단계에서) 대응하면서 부족한 자원을 놓고 경쟁하는 의료 분야에서 사일로가 왜 발전하는지는 더 이상 수수께끼가 아니다. 이제 델파이를 방문했던 좌절감에 빠진 보건의료 리더가 '사일로와 그들만의 세계가 준독립적으로 운영되는 듯하다'라고 질문한 이유를 분명히 알 수 있게 되었다. 그녀는 CAS에서 발생하는 갈등의 중요한 징후를 (아마도 완전히 깨닫지 못한 채) 설명하고 있었던 것이다.

갈등과 분쟁에 대한 대응

갈등과 그 기원, 그리고 주요 관계들의 적극적인 참여를 통해 갈등에 대응하고 해결하기 위한 다양한 접근법에 대해 수많은 글이 있다. 기초 문헌(Bowling & Hoffman, 2003; Bush & Folger, 1994; Fisher, Ury, & Patton, 1983; Kritek, 2002; Marcus, Dorn, & McNully, 1995; Mayer, 2000; Moore, 1996; Stone, Patton, & Heen, 1999; Ury, 1999)에는 갈등에 대한 역사적 이해와 갈등을 다루는 주요 접근법의 분석이 모두 포함되어 있다. 오랫동안 갈등에 대한 접근방식은 권력이나 규칙의 적용 또는 갈등 당사자의 이익에 대한 호소에 의존하는 세 가지 범주에 속하는 것으로 간주되어 문제 해결을 위한 바람직한 방법으로 여겨왔다.

권력기반(Power-based) 접근방식은 동시대의 여러 국제적 상황에서 그 예를 볼 수 있다. 이 접근방식은 일반적으로 '명령 및 통제'에 의한 관리가 일상화되어 있는 엄격한 계층 구조인 조직 및 시스템에서 비교적 흔히 볼 수 있다. 분쟁을 해결하기 위해 권력에 의존하는 것 또한 권한의 기본 요소이다. 권력기반 접근방식을 통한 분쟁 해결은 만족스러운 경우가 드물고 영구적인 해결은 더더욱 찾기 힘들다. 윌리엄 유리(Ury, 1999)는 이에 대해 설득력 있는 글을 썼다. 흥미롭게도 CAS에서는 규칙, 서면 절차 및 행동수칙과 결합할 때 권력기반 접근방식이 완화되는 경우가 많다.

규칙기반(Rule-based) 접근방식은 대규모 사회 조직에서 일반적이며(Olson & Eoyang, 2001), 명령 및 통제하는 계층구조를 갖춘 시스템에서도 흔히 볼 수 있는 특징이다. 이러한 구조에서 이 접근방식은 암묵적 및 명시적 규칙, 행동수칙과 더불어 업무 수행방법을 자세히 설명하기 위한 - '설계일(Work-As-Designed, Hollnagel, 2015)'로 설명되는 - 광범위한 검사지침서가 발행된다. 이는 대규모 조직의 많은 HR(인사) 전문가들의 업무이다. HR 전문가는 '인적 오류'라는 가정을 바탕으로 갈등을 감지하거나, 부적절한 행동이 의심되거나 업무 프로세스의 예상치 못한 결과가 발생하는 상황에 개입해야 하는 경우가 많다.

이러한 상황에서 확립된 규칙, 절차 또는 행동수칙은 부정적이거나 바람직하지 않다고 느껴지는 상황을 명백히 '판단'할 수 있는 편리한 방법을 제공한다. CAS가 진화하고 발전하는 방식을 고려할 때, 이러한 종류의 갈등 해결방식은 에이전트와 시스템 내 구성 요소 간 보다 생산적인 상호작용을 촉진하기 어렵다. 규칙기반 접근방식은 조직의 고위경영진 관점에서는 만족스러운 '책임있는 결과'(누구의 '잘못'인지 명확하게 하는)를 제공한다.

이해기반(Interest-based) 접근법은 지난 수십 년 동안 갈등 해결 실무자와 중재자가 가장 일반적으로 채택한 방법이었다. 또한 대부분의 조직은 이해기반 접근방식과 결합할 수 있는 규칙기반 접근

제II부 경계를 극복하기 위한 협상

방식을 유지하고 있다. 대부분의 중재자와 갈등 해결 실무자는 이 접근방식을 하버드 로스쿨 협상 프로그램(Fisher et al., 1983) 연구와 연관 짓는다. 볼더 콜로라도에 있는 CDRA(Collaborative Decision Resources Associates)와 같은 저명한 기관들도 이 접근방식의 이론적 토대를 마련하고 범위를 넓히는데 기여했다(Mayer, 2000; Moore, 1996). 이해기반 접근방식의 기본 가정은 갈등 당사자들이 채택한 공식적 또는 공개적 입장 이면에 공유하고 탐색할 수 있는 보다 근본적인 이해관계가 있을 수 있다는 것이다. 이는 상호 공통의 관심사(또는 적어도 중복되는 관심사)를 찾을 수 있게 장려하고 잠재적인 해결 방법(폭넓게 기대되는 'win-win' 솔루션)으로 이어질 수 있다.

이러한 갈등에서 중재자의 역할은 당사자들이 서로의 말을 경청하고 인정하여 해결 방안으로 서로의 관심사를 찾을 수 있도록 돕는 것이다. 중립적 당사자로서 중재자의 개념은 '문제 해결' 과정의 핵심이며, 다양한 개인의 이해관계가 확인되면 당사자들이 갈등을 '해소'할 수 있는 해결책을 고안해 낼 수 있다는 가정이 기본 전제인 것이다. 이는 '해결해야 할 문제'가 당사자들이 채택한 입장에서 야기되었다고 생각한다는 점에서 갈등을 근본적으로 선형적 시각으로 보는 방식이다. 이 가정은 단순한 상황에서는 의미가 있으며 어느 정도 성공적이었다.

새로운 시각

사회 조직의 복잡성이 증가함에 따라 갈등에 대한 '사회 구성주의' 분석에 대한 도전을 하게 되었다. 심층적으로 조사한 결과 이해기반 접근방식의 철학적 토대 중 일부는 CAS에는 적용하기 어려운 것으로 나타났다. 사회 구성주의 관점으로 복잡한 상황에서 갈등을 해결하기 위한 관계적 또는 서술적 접근방식이 등장하게 되었다. 저술과 반영의 확장체(Mayer, 2004; Winslade & Monk, 2000, 2008)에서 갈등에 대한 관계적 또는 서술적 접근방식이 CAS의 특수한 성격에 더 적합하다는 여러 요인이 밝혀졌다. 앞으로 살펴보겠지만, 이 접근방식은 보건의료 분야의 갈등 대응에도 더 적합하다.

사회 구성주의 관점은 CAS에서 이해기반 접근방식을 사용하는 것과 관련하여 여러 가지 문제점을 지적하고 있다. 그 중 첫 번째는 이 접근방식에 내재된 선형적 문제해결의 틀이다. 존슨이 제공한 연구 사례(3장 참조, Johnson et al.)에서, 타운스빌 그룹의 경험에서 나온 연구 사례는 '긴밀하게 결합'되어 있고 '선형적으로 상호작용'하는 프로세스(Perrow, 1984)를 포함하는 갈등의 훌륭한 예로, 이해기반 협상의 접근방식은 의료 분야의 성공적인 결과를 끌어낼 수 있음을 보여준다. 그러나, CAS에서 갈등을 초래하는 대부분의 상황은 역동적 상호작용의 결과이며 선형적 접근방식으로 영향을 미치기에는 적합하지 않다는 점에 유의하는 것이 중요하다.

이해기반 중재에 내재된 갈등 해결 접근방식은 갈등을 '풀어야 할' (일단 풀어지면, 시스템은 다시 원활하게 작동할) 것으로 인식하

제II부 경계를 극복하기 위한 협상

는 사고방식으로 이어지고 이는 붕괴된 과정을 해결하기 위해 '문제 부분'만 찾으면 된다고 생각하는 뉴턴적 혹은 기계론적 관점과 매우 유사하다(Capra & Luisi, 2014).

두 번째로 중요한 문제는 대부분의 갈등이 분쟁에 참여한 개인에게서 비롯된다는 암묵적인 가정에 관한 것인데 - 이는 시스템 자체의 상황적 영향에서 비롯된 것이 아니라 충족되지 않은 요구의 결과로 이분법적 입장('내 방식이 아니면 떠나라; My way or highway')을 취하는 경향이 있다는 것이다. 물론, 이는 갈등이나 분쟁이 여러 환경의 상황에 따라 영향을 받는 여러 요인과 구성요소의 역동적인 상호작용에서 비롯된 행동 패턴을 반영한다는 사실을 무시하는 것이다.

갈등 해결 전문가 단체에서 오랫동안 논의되어 온 세 번째 핵심 쟁점은 갈등 해결을 촉진하는 중재자나 당사자의 중립성을 가정하는 것이다. 중재자가 어떻게든 자신의 이력과 가치를 뛰어넘어 갈등 당사자와 쟁점에 대해 확고하고 무관심하게 중립을 유지할 수 있다는 비현실적인 개념은 전설적인 신조로 승격되었다. 서술적 접근방식을 채택할 때 이는 현실을 반영하지 않는다는 점이 분명해진다. 특정 갈등을 이해하는 '스토리'는 더 넓은 체계적 맥락에서 도출된 많은 영향, 요인 및 조건이 함께 엮이면서 성장한다. 이상하게도, 중립을 지키기 위한 초인적인 노력에도 불구하고 중재자의 이야기에 대해서도 마찬가지로, 갈등을 해소하려는 노력에 동참하게 된다.

중재자가 절차 문제와 실질적인 문제를 분리할 수 있다는 생각은 현실적으로 뒷받침되지 않는다. 어떤 면에서 이것은 중재자의 딜레마라고 할 수 있는데 - 이는 양자역학에서 하이젠베르크의 불확정성 원리를 현실에 적용한 사례이다(특정 시점에 원자 구성입자의 위치와 운동량을 동시에 정확히 알 수 없다). 중재자는 특정 분쟁의 중심이 되는 실질적인 문제에 고유하게 영향을 미치고 잠재적으로 수정할 수 있는 프로세스 질문에 집중할 수는 없다.

 논의된 문제는 이해기반 접근방식에 대한 많은 철학적 과제 중 세 가지에 불과하다(자세한 내용은 Mayer, 2004; Winslade & Monk, 2000 참조). 여기서 다른 쟁점들을 살펴보는 것은 이 챕터의 범위를 벗어난다. CAS를 관계적 접근법이나 서술적 접근법으로 갈등 해결에 도입하는 것은 그러한 시스템이 발전하고 진화하는 방식과 더 밀접하게 일치한다는 것만 해도 충분하다. 이 접근방식은 나중에 살펴보겠지만 의료 CAS에 훨씬 잘 어울린다.

보건의료 분야의 갈등 해소

델파이의 오라클이 제시한 일반적인 원칙이 의료 시스템에서 제대로 작동하지 않는 사일로와 그 작은 왕국에 도움이 될만한 구체적인 조언을 갈망하며 우리는 시니어 의료 리더가 조금 조급해지는 시점에 이르렀다. 다행히도 저널에 게재된 6편의 논문 시리즈를 통해 도움을 받을 수 있었다(The American Journal of Nursing, Gerardi, 2015a-f). 여기에 CAS의 갈등에 상호관계적 접근법 또는 서술적 접근법을 적용하는 방법이 자세히 설명되어 있었고, 의료 분쟁에 이러한 접근방식을 적용하는 것과 관련하여 두 가지 기본사항을 제시하고 있다.

첫째, 치료를 제공하는 것은 관계적 활동이며(Letiche, 2008), 모든 의료인은 환자, 고객, 가족 및 그들이 속한 커뮤니티의 요구 사항을 충족하기 위해 팀과 부서 내 또는 부서 간 강한 관계를 구축하여 협력할 수 있는 능력에 의존하는 것이다. 이는 특정 환자 또는 가족을 위한 치료, 공감능력 개발 및 표현, 적절한 지원 체계화 등을 제공하는 경우에도 동일하게 적용된다. 치료의 중심이 되는 관계적 특성은 단순한 치료적 양자관계(dyad)로 제공되든 더 복잡한 구조로 제공되든 마찬가지다; 즉, 보건의료는 CAS 환경에서 제공되지 않더라도 근본적으로 상호관계적 사업이다. 따라서 모든 수준에서 상호관계의 발전과 강화에 의존하는 상황에서 갈등을 고장 난 것을 고칠 수 있다거나 해결해야 할 문제로 보는 관점은 성공 가능성이 낮다고 보는 것이 합리적이다.

둘째, 갈등 해결에 초점을 맞추는 것은 CAS에서 갈등을 강화하고 유지하는 행동 패턴을 해결하는 데 개인, 팀 및 시스템이 적극적으로 참여해야 하는 필요성을 완전히 놓치고 있다고 주장한다(Gerardi, 2015a-f & Mayer, 2004). 이는 참가자들이 직장에서 발생하는 갈등과 분쟁을 잘 해결할 수 있도록 하는 갈등 참여라는 중요한 개념으로 이어진다. 참여는 개인, 팀 및 시스템이 갈등에 대응할 때 영향을 미치는 행동 패턴을 이해하고 반영하는 것을 수반한다; 이 모든 것은 다양한 수준에서, 시스템의 다른 에이전트 및 구성 요소와 동적으로 상호작용할 때 자신이 기여했음을 더 잘 인식하기 위한 것이다. 갈등 참여 방법과 접근방식은 필연적으로 다양한 상호작용을

4. 보건의료의 갈등 해소

초래하며 궁극적으로는 새로운 행동 패턴의 출현으로 이어질 것이다.

안타깝게도, 많은 조직이 아직 갈등 참여의 본질적인 특성을 이해하지 못하고 있고 이것이 개인 및 조직 차원에서 발전하고 유지할 가능성을 만들지 못했다. 이는 의심할 여지없이 갈등을 '해결해야 할 문제'로 보고 선형적으로 사고하고 반응하는 경향이 압도적임을 반영한 것이며, 그 해결책은 애초에 상황을 초래한 내부의 필요와 이해관계가 만들어낸 '구성요소의 해결'에서 나올 것이라고 상상하는 경향이 반영된 것이다. 이러한 관점은 갈등을 시스템 자체의 본질에서 비롯된 것으로 이해하는 관점과는 근본적으로 다르다.

상호관계적 및 서술적 중재 노력과 결합한 갈등 참여 접근방식을 적용하는 데는 조직 및 시스템 차원에서 지속적이고 효과적인 교육 및 훈련 노력이 필요하다는 것이 내포되어 있다. 이 개념은 갈등 관리시스템 설계 분야 연구에서 자세히 논의한 바 있다(Costantino & Merchant, 1994). 이들은 광범위하고 체계적인 트레이닝(인식 교육) 뿐만 아니라 인정된 현장 운영자 및 안전 책임자를 대상으로 더욱 집중적인 교육의 필요성을 강조한다. 이해기반 협상 접근방식(갈등 해결을 촉진하기 위한 광범위한 교육 노력의 가치에 대한 또 다른 예는 3장 참조, Johnson at al.)을 사용하든 서술적 관계 접근방식을 사용하든 시스템 차원의 교육이 필요함을 강조한다.

제랄디가 집필한 6편의 글(Gerardi, 2015a-f)은 보건의료 CAS 내 갈등에 접근하는 방법에 대한 유용하고 구체적인 조언을 제공하는 데 있어 독보적 위치를 차지하고 있다. 독자들이 그 글을 면밀히 (순차적으로) 검토하기를 권장한다. 이는 간호계 내에서 이해와 기

제II부 경계를 극복하기 위한 협상

술을 증진시키기 위해 작성되었지만, 보건의료 환경에서 모든 의료인뿐 아니라 관리자와 리더에게도 직접적인 관련이 있다.

결론

이러한 교훈을 고려하여 오라클의 조언을 다음과 같이 분석할 수 있다:

- 갈등은 CAS의 자연스러운 특성이다.
- 보건의료는 다소 복잡하기는 하지만 전형적인 CAS의 예이다.
- 갈등에 접근하는 방법은 다수가 있으며, 그중 일부는 CAS, 특히 보건의료에 더 적합하다.
- 특정 분쟁에 대한 전문적인 지침을 구하든, 조직의 갈등 '대책'을 개선하기 위한 내부 계획을 수립하든, 자신의 시스템에 적합한 접근방식을 선택한다.
- 대부분 CAS의 경우 갈등을 해결하기 위해 관계적/서술적 접근방식을 채택할 가능성이 높다.
- 시스템 내 모든 차원에서 갈등 참여를 장려하는 것이 적절하다.

참고문헌

Bowling, D. & Hoffman, D. (Eds.). (2003). Bringing Peace into the Room. San Francisco, CA: John Wiley & Sons.

Braithwaite, J., Churruca, K., Ellis, L. A., Long, J. C., Clay-Williams, R., Damen, N., Herkes, J., Pomare, C., & Ludlow, K. (2017). Complexity Science in Healthcare: A White Paper: Aspirations, Approaches, Applications and Accomplishments. Sydney, Australia: Australian Institute of Health Innovation, Macquarie University.

Bush, R. & Folger, J. (1994). The Promise of Mediation, San Francisco, CA: Jossey-Bass.

Capra, F. & Luisi, P. L. (2014). The Systems View of Life. Cambridge, UK: Cambridge University Press.

Costantino, C. & Merchant, C. (1994). Designing Conflict Management Systems. San Francisco, CA: Jossey-Bass.

Fisher, R., Ury, W., & Patton, B. (1983). Getting to Yes, 2nd ed. New York, NY: Penguin Books.

Gerardi, D. (2015a). Conflict Engagement: A new Model for Nurses. The American Journal of Nursing, 115(3), 56-61.

Gerardi, D. (2015b). Conflict Engagement: Workplace Dynamics. The American Journal of Nursing, 115(4), 62-65.

Gerardi, D. (2015c). Conflict Engagement: Collaborative Processes. The American Journal of Nursing, 115(5), 66-69.

Gerardi, D. (2015d). Conflict Engagement: A Relational Approach. The American Journal of Nursing, 115(7), 56–60.

Gerardi, D. (2015e). Conflict Engagement: Emotional and Social Intelligence. The American Journal of Nursing, 115(8), 60–65.

Gerardi, D. (2015f). Conflict Engagement: Creating Connection and Cultivating Curiosity. The American Journal of Nursing, 115(9), 60–65.

Hollnagel, E. (2015). Why is Work-as-Imagined Different from Work-as-Done? In R. Wears, E. Hollnagel, & J. Braithwaite (Eds.), Resilient Health Care, Volume 2 (pp. 249–264). Farnham, UK: Ashgate Publishing.

Kritek, P. (2002). Negotiating at an Uneven Table. San Francisco, CA: John Wiley & Sons.

Letiche, H. (2008). Making Healthcare Care. Charlotte, NC: Information Age Publishing.

Marcus, L. J., Dorn, B. C., & McNully, E. J. (Eds.). (1995). Renegotiating Health Care: Resolving Conflict to Build Collaboration, 2nd ed. San Francisco, CA: Jossey-Bass.

Mayer, B. (2000). The Dynamics of Conflict Resolution. San Francisco, CA: Jossey-Bass.

Mayer, B. (2004). Beyond Neutrality. San Francisco, CA: John Wiley & Sons.

Moore, C. (1996). The Mediation Process, 2nd ed. San Francisco, CA: Jossey-Bass.

Olson, E. E. & Eoyang, G. H. (2001). Facilitating Organization Change. San Francisco, CA: Jossey-Bass/Pfeiffer.

Perrow, C. (1984). Normal Accidents: Living with High-Risk Technologies. Princeton, NJ: Princeton University Press.

Robson, R. (2015). ECW in Complex Adaptive Systems. In R. Wears, E. Hollnagel, & J. Braithwaite (Eds.), Resilient Health Care, Volume 2 (pp. 177-188). Farnham, UK: Ashgate Publishing.

Stone, D., Patton, B., & Heen, S. (1999). Difficult Conversations. New York, NY: Penguin Putnam.

Ury, W. (1999). Getting to Peace: Transforming Conflict at Home, at Work, and in the World. New York, NY: Viking Adult.

Winslade, J. & Monk, G. (2000). Narrative Mediation. San Francisco, CA: John Wiley & Sons.

Winslade, J. & Monk, G. (2008). Practicing Narrative Mediation. San Francisco, CA: John Wiley & Sons.

제Ⅲ부

경계의 이론화

5 '실용적' 레질리언스: 이론의 오용?

Sam Sheps
University of British Columbia

Robert L. Wears
University of Florida
Imperial College London

【목차】

소개 ·· 60
배경 ·· 63
사례 구축 ·· 68
    조직의 근본적인 특성 ······································ 68
    실천의 본질 ··· 68
    문제 해결의 문제점 ·· 70
    전통적인 안전조치 접근법 ································ 72
성찰 ·· 74
    무엇을 해야 하는가? ······································· 76
참고문헌 ··· 79

제Ⅲ부 경계의 이론화

소개

과학은 항상 이론 개발과 그 적용에 대한 투자가 실질적인 이익을 가져다줄 것인지에 대한 의문에 직면해 왔다. 이런 과제는 이론 물리학이나 순수 수학에서는 이러한 문제가 심각하지 않을 수 있지만, 사실상 보건의료 연구는 거의 모든 분야의 문제에 널리 퍼져있다. 근본적으로 중요한 연구 분야로서 종합 지식, 해석 및 전달이 급부상한 것은 실질적인 응용과 투자 수익의 필요성을 보여준다. 이러한 과제는 환자 안전측면에서 통합적 사고력의 잠재성을 이해하는 데 중요하다.

보건의료에서 레질리언스 이론의 실제 적용에 대한 요구(Feeley, 2017)는 비교적 최근 일인데, 그 이유는 부분적으로 이론 자체가 불완전하기 때문이다. 공학적 맥락에서 등장했음에도 불구하고 - 그 자체로 매크로 기술부터 나노 기술까지 포함하는 다양한 과학 영역의 실질적 적용이 필요한 - 보건의료의 제도적 측면에 내재된 복잡성을 해결하는 것은 매우 다른 과제를 제시한다. 임상과학(주로 환자 안전측면)의 보건의료 분야에서 설명을 위해 사회학, 심리학, 정치학, 커뮤니케이션 및 조직적 관점과 충돌하는 - 레질리언스의 실용적 적용이 무엇을 의미하는지에 대한 중요한 의문은, 개념적으로 잠재적 현상인 레질리언스의 근본적인 특성 때문에 발생한다. 보건의료 분야에서 실용적 적용 개념은 다양한 종류의 관행과 분명 관련이 있지만, 이러한 관행의 어느 수준이 레질리언스와 특히 관련성이 있는지는 여전히 의문으로 남아 있다. 이 챕터의 전반적 목적은 이

5. '실용적' 레질리언스: 이론의 오용?

문제를 탐구하는 것이다. 지난 15년간의 환자 안전측면의 역사에서 레질리언스가 단지 도구상자의 또 다른 도구로 오용될 가능성에 대해 우려해 왔지만, 우리는 레질리언스가 그보다 훨씬 더 많은 것을 제공한다고 주장한다.

예를 들어 재료 과학에서, 전통적으로 레질리언스(탄성)는 특정 물체 – 철근과 같은 특정 물체의 측정 가능한 속성으로 개념화되어 왔다. 그러나 개인, 그룹, 조직의 측면에서 레질리언스는 측정 가능한 특성이 아니라는 것이 분명하다. 따라서, 보건의료 분야의 레질리언스 이론을 개발하는 현 단계에서, 예를 들어 레질리언스를 10% 높일 수 있다고 하는 것은 불가능하다. 더구나, 레질리언스는 보건의료의 사회적, 조직적 측면에서 새로운 현상으로 이론화되어 왔다. 따라서, 그 효과가 나타난 이후에야 볼 수 있기 때문에 레질리언스는 그때까지는 논리적으로 존재하지 않는다고 가정할 수 있다. 이런 이유로, 이론으로서의 레질리언스는 복잡적응시스템(CAS) 내에서 실패의 본질, 또 최근에는 성공의 본질을 이해하는 서술적 시각으로 중요하게 사용되었다. 또한 실패를 예방 또는 완화하거나 성공적인 실천을 강화할 수 있는 역동적인 상황 및 행동 요소를 파악하는 데에도 사용되었다. 이는 레질리언스로 설명할수 있는 모범사례를 이해하는 데 중요한 역할을 했다.

우리의 관점에서, 레질리언스는 실제일(WAD)의 새로운 특성으로 더 잘 특징지어질 수 있다. 이는 명시적이지 않으며 그 자체로는 관찰 또는 측정이 불가능하다. 관찰 가능한 현상인 번개와 유사하게, 근본적인 원인(정전기 에너지)은 보이지 않지만, 방전 가능성은 존재한다. 결과적으로, 레질리언스 사고력은 특정 개별행동으로 분류하기보다는 역량을 이해하는 방향으로 전환되고 있다(Bergström, van Winsen, & Henriqson, 2015). '적응할 준비를 취하는'(Cook, 2016) 또는 그렇게 할 수 있는 시스템은 잠재적으로 레질리언스 역량이 있는 것으로 여길 수 있다. (레질리언스는 속성이나 소유할 수 있는 것이 아닌, 오히려 역동적인 출현의 한 형태이기 때문에 시스템이 레질리언스 특성을 갖는다고 말하지는 않는다.)

중요한 것은, 보건의료 및 기타 복잡한 업무 환경에서 레질리언스 역량은 조직의 환경뿐만 아니라 사람과 기술 및 사회적 가공구조 간의 상호작용에서 비롯된다는 점이다. 이러한 모든 상호작용에는 개인적, 전문적, 기술적, 계층적, 정치적 경계가 존재하며, 이 경계(및 경계를 넘나드는 예측할 수 없는 상호작용)를 고려할 때 성공적인 업무수행의 열쇠는 다음과 같다:

- 커뮤니케이션(언어적 및 비언어적)
- 위협과 기회에 대한 환경조사
- 실제일(WAD)을 구성하는 직무 분포와 흐름 관찰
- 실무 진행 상황파악
- 당면 과제 및 그 과제가 발생하는 조건과 관련된 기존 과제를 관리하기 위한(필요에 따른) 적절한 조정.

레질리언스 이론에서, 이런 과정의 측면은 다음 네 가지 기능으로 알려져 있다: 사실의 이해, 잠재성 예상, 지속적 관찰 및 학습이 그

5. '실용적' 레질리언스: 이론의 오용?

것이다. 이것이 레질리언스 역량의 존재와 관련이 있는 것으로 밝혀졌으나, 보건의료 분야에서 레질리언스 역량을 도구로 적용하는 것은 역사적으로 문제가 되어 왔다. 이 챕터에서는 환자의 피해를 파악하고 개선하려는 노력을 방해하는 장벽을 해결하는 통합적 사고에 대한 접근방식을 간략하게 설명한다.

배경

실패가 어떻게 발생하는지, 그것을 어떻게 예방하고 완화할 수 있는지를 이해하고, 그 결과는 수천 년 동안 인류를 지배해 온 고통을 설명하려고 시도하였다(Dekker, 2015). 우리는 실패를 성난 신이나 인간활동의 모든 영역에 퍼져있는 다양한 종류의 기술적, 인간적, 조직적 약점 탓으로 돌리고 있다. 실패에 대한 대응은 구체적인 탄원, 반성 또는 완화 행위의 개발을 수반했다: 인간이나 동물의 희생, 기도 및 율법에 대한 징벌은 한때 실질적인 해결책으로 간주 되었다(Dekker, Long, & Wybo, 2016). 계몽주의 이전 시대에는 '치명적 결함'(처음에는 죄로 개념화되었고, 후에는 도덕적으로 부담이 덜한 오만함으로 개념화되었다)이라는 개념이 인간의 실패에 대한 또 다른 설명을 흥미롭게 제공했다. 이러한 설명은 '올바른 삶'에 의한 것이 아닌 실패를 예방하는 방법을 무시하는 경향이 있었다. 그 후, 계몽주의의 합리성은 지식과 논리를 적극적으로 충분히 적용하여 원인과 결과를 발견할 수 있는 질서정연한 세상을 가정했으며;

따라서 모든 사고는 결국 설명 가능해야 하며, 설명 가능하다면 예방할 수도 있어야 한다고 주장했다. 실패는 과학적 지식의 부족으로 인한 것으로 재개념화되었으며, 이에 대한 실질적인 해결책은 연구와 교육이었다. 기술 시대에 실패에 대한 초기 해결책은 설계의 개선과 근로자 조직에 대한 합리적 접근방식(Wears & Hunte, 2014)에서 모색되었고, 궁극적으로는 '시스템'에 대한 상당한 수사학(rhetoric)으로 이어졌다. 이로 인해 고도로 작성된 관료적인 조직적 '해결책'이 탄생했으며, 그 자체로 실패와 성공이 어떻게 발생하는지에 대한 폭넓은 연구를 가로막는 장벽이 만들어졌다(Dekker, 2014). 결국, 실패에 대한 합리주의적 생각은 근본적으로 부적절하며, 그 목표는 계속 후퇴하고 있다. 이러한 개념의 해석은 필연적으로 조직의 불안과 책임 문제의 심각한 원천이 되며, 이는 더욱더 경직되고 관료주의적 결과를 초래한다(Beck, 1992).

'피해를 주지 마라'는 고대의 금기 사항을 제외하고, 보건의료 분야(임상과 조직)의 환자 피해문제는(제도적 및 전문적 관점에서) 규범적이며, 불행하지만 질병 및 병원 치료의 발전으로 인해 줄일 수 없는 부작용인 것으로 간주되었다(Barr, 1955; Mills, 1978; Mills, Boyden, & Rubamen, 1977; Moser, 1956; Ogilvie & Ruedy, 1967a, 1967b; Schimmel, 1964). 그러나 추론적 변화가 서서히 일어나고 있었다. 1991년 HMPS(Harvard Medical Practice Study, Leape et al., 1991)[1])에서 나온 네 편의 결과 논문 중 하나

---

1) 흥미롭게도 2년 전에 발표된 HMPS의 방법론 논문에는 '오류'를 결과로 사용할 계획을 포함하지 않았으나 법적 책임에 근거한 것이었다(Hiatt et al., 1989);

5. '실용적' 레질리언스: 이론의 오용?

에서 의료 과실을 설명하기 위해 '오류'라는 용어를 만들었고, 1999년 '인간은 실수한다(To Err is Human, Institute of Medicine)'를 출판하면서 이러한 아이디어가 대중 정책에 등장했다(Kohn, Corrigan, & Donaldson, 1999).

오랫동안 '피해(harm)'의 문제를 '오류'의 문제로 재해석한 것은 놀라운 일이었으며, 도덕적 공황의 전형적인 놀라움과 실망, 행동 촉구에 직면했다(Cohen, 1972). 피해의 원인으로 인간 의지에 초점을 맞춘 이러한 관점(다른 복잡한 산업 분야에서는 포기하기 시작했거나 적어도 여러 원인 중 하나임을 인정하는 관점)은 보건의료에서 안전에 대한 피상적인 사고 상태에 대해 많은 것을 말해준다. 실패를 대처할 때 흔히 발생하는 경우와 마찬가지로, 고위 관리층의 즉각적인 반응은 충격과 분노, 그리고 두려움(대개 책임에 대한)으로 이어졌으며 조직 자체에 대한 심각한 신뢰 상실과 '책임자'에 대한 추적이 수반되었다. 문제의 장본인을 징계하거나 해고하는 것 외에도, 첫 번째 실질적 조치는 문제를 연구하고 관리하기 위한 관료 조직을 설립하는 것이었다: 따라서 캐나다 환자 안전연구소, 미국 보건의료 연구품질원, 영국 국립환자 안전원(현존하지 않음) 등이 설립되어 이러한 문제에 대해 특정 조치를 취하고 있다고 볼 수 있었다. 이러한 조치의 효과는 알 수 없지만(실제 평가될 가능성은 거의 없다), 정치적/책임적 의무는 충족했다.

의료계의 대응은 대부분 의사 중심의 접근방식인 진단과 치료과

연구 과정에서 결과 측정값을 변경하기로 한 결정은 설명된 적이 없다.

정을 따랐으며, 이는 놀랍지 않은 당연한 결과였다. 이로 인해 '두더지 잡기'와 다소 유사한 특정 활동이 무수히 많이 이루어졌다.

예를 들어 의인성(醫因性) 손상에 대한 또 다른 개념인 스위스 치즈 모델은, 복잡한 기술 사용, 정책 및 절차의 문제, 고위급 행정 수준에서 발생하는 균형(trade-offs) 측면에서 인적 요인을 포함하도록 하는 원인(좁지만 매우 대중적인 근본 원인에 대한 관점에서)에 대한 범위를 넓히는 데 어느 정도 도움이 되었다. 그러나 보건의료는 여전히 선형적이고 연쇄적인 사건의 인과적 개념에 갇혀 있다. CAS에서 사고(및 좋은 성과)를 매우 역동적이고 예측할 수 없는 상호작용의 결과로 보는 현대적 관점은 인간의 실패를 도구로 추구하지 않는다. 마찬가지로, 시스템에 대한 정보가 부족한 미사여구(rhetoric)는 지적인 공백을 일으키고, 이는 결국 의무, 책임 및 권한 문제로 이어진다.

따라서, 환자 안전조치의 기본 개념적 기반은 아이러니하게도 대부분의 경우 발생하는 실패(종종 '절대 일어나지 말아야 할 이벤트'로 나타난다)를 측정하고 제거하는 것이 되었다. 그러므로 전체 환자 안전조치는 보고, 학습 및 안전문화[2]의 모호한 개념에 의해 뒷받침되어 오랫동안 알려져 왔고, 복잡성이 증가하는 실패 문제, 특히 다른 복잡한 산업에서의 다학제간 참여를 해결하기 위한 '실용적' 접근방식으로 틀이 잡혔다. 그러나, 더 넓은 경험이 환자 피해와 실

---

[2] 특히 보고(상당히 부족한 보고와 사실상 존재하지 않는 분석 및 열악한 행정 피드백을 고려하면 의심스럽다)는 학습의 기초일 뿐만 아니라 개선 목표를 세우는 방법으로도 간주 된다. '정책이 목표가 되면 그것은 더 이상 좋은 정책이 아니다'(Goodhart, 1975).

5. '실용적' 레질리언스: 이론의 오용?

질적인 관련성이 있거나 적용된다는 점을 인정하는 데 어려움이 있었다. 이러한 개념과 실천의 한계는 환자 안전조치를 쳇바퀴에 가두게 되었다(Morrison & Smith, 2000).

이론적 측면에서 레질리언스를 '발현'하는 것으로 제시한다는 점을 고려하면, 레질리언스를 도구화하거나 '실용화'하려는 모든 시도는 근본적으로 문제가 있다는 것이 분명하다. 레질리언스는 구체적인 도구로서의 행위가 적용될 수 있는 실체로 단순히 존재하지 않는다. 앞서 언급한 바와 같이, 레질리언스는 오히려 깊이 내재된 잠재력으로 존재한다. 따라서, '실용적'이라는 규범적 개념을 사용하는 것은 모순이다. 빠른 수정 및 모범사례, 정책/절차 개발과 교육 및 자격 증명에 중점을 두는 것은 가상일(WAI)에 논리적으로만 적용할 수 있다. 이는 인증 및 역량 강화의 노력, 도구 키트, 안내서 및 끝없이 강화된 시범사업을 통해 피해를 줄이려는 불필요한 시도에서 특정 행동을 일련의 새로운 규칙 집합으로 체계화하는 접근방식으로서, 외형적으로는 만족스럽지만 전문적 실무에 대한 폭넓은 환상을 불러일으킬 뿐이다. 실무자와 관리자는 이제 해결책을 찾았다고 생각하는 함정에 빠져 실제로 일이 어떻게 실행되는지 더 이상 깊이 생각(또는 관심)하지 않게 될 것이다. 더구나, 안전 한계선을 넘기 전까지는 한계에 근접했는지도 알 수 없기 때문에(실제 한계를 넘은 후에도 바로 알 수 없을 것이다), 일을 아예 중단하는 것 외에는 그 한계를 넘지 않도록 사전에 명확하게 방지할 구체적인 조치를 명시하는 것은 논리적으로 불가능하다.

제Ⅲ부 경계의 이론화

사례 구축

앞에서 언급한 안전조치의 일반적 특성과 레질리언스의 구체적 특징을 고려할 때, 실용적인 레질리언스에 심각한 문제가 있다는 주장을 뒷받침하는 몇 가지 일반적 주제를 검토하는 것이 유익하다.

조직의 근본적인 특성

레질리언스의 실제 적용을 어렵게 하는 동시에 아이러니하게도 이 개념에 대해 보다 깊은 참여를 촉구하는 조직 행동의 중요한 측면은: 명확한 업무분담과 책임, 잘 정의된 고정적이며 구체적인 의사소통 경로, 절차를 따르는 활동, 계층적 권한 및 데이터 중심이라는 조직에 대한 일반적인 관점이다. 이러한 선형적 관점에서 조직 운영과 변화는 본질적으로 질서 있고 기술적인 것으로 인식되므로 문제 발생 시 쉽게 해결이 가능하다(Graetz & Smith, 2010; Weber, 2015). 그러나 이러한 관점은 쉬운 해결책을 방해하는 수많은 경계층을 강조하기도 한다. 따라서 레질리언스는, 앞에서 설명한 대로, 현재의 조직이 인정하는 것보다 훨씬 더 애매모호하고 유동적인 경계를 관리하는 방법에 대한 적절한 대안적 사고방식이 될 수 있다.

실천의 본질

숀의 반성적 실천이론(Theory of reflective practice, Schön)을 논의한 논문에서 킨셀라는 전통적인 사고에 대한 유사한 도전을 나

5. '실용적' 레질리언스: 이론의 오용?

타낸다(Kinsella, 2007). 현직 물리치료사인 킨셀라는, 기술적 합리성에 대한 비판을 핵심으로 하는 숀의 이론이 실천의 '실제 모습'에 대한 자신의 경험뿐만 아니라 그 경험의 복잡성을 반영한다고 언급한다. 그녀는 숀(1987)이 기술적 합리성을 '실증주의 철학에서 파생된 실천 인식론'(p.3)으로 가정한다고 언급하며 인용문(Wilson & Hayes, 2000)을 근거로 다음과 같이 지적한다:

> '전문직의 위기'에 대한 숀의 분석은, 우리가 생각하는 전문직의 업무 수행 방식과 실제 근무 조건 사이의 높은 격차를 가장 신랄하게 묘사한 글이다. (p.104)

여기서 강조하는 것은 일의 역동적인 본질뿐만 아니라 가상일(WAI)과 대비되는 실제일(WAD)의 문제이다. 전문적 업무의 도구적 본질에 관한 숀의 비평에서 강조하는 것은 이러한 일이 본질적으로 과학적 진리의 적용과 같은 일의 규범적 특성을 경계하는 근거를 제공한다(Schön, 1982). 더구나 다음과 같이 언급했다(Schön, 1987):

> 다양한 유형의 전문적 일의 실천에는 늪이 내려다보이는 고지대가 있다. 고지대에서는, 관리 가능한 문제를 연구기반 이론과 기술을 적용하여 해결책을 제시한다. 저지대의 늪에서는, 지저분하고 복잡한 문제가 기술적 해결책을 방해한다. (p.103)

킨셀라는 이러한 실천의 어려운 면은 '불확실성', '불안정', '가치 충돌'에 취약하다고 관찰했다(Kinsella, 2007).

> ...실증주의적 인식론에 얽매인 실무자들은 딜레마에 빠지게 된다. 엄격한 전문 지식에 대한 그들의 정의는 실천에 핵심이 되는 현상을 배제하고 있다... 기술적 합리성 모델은 다양한 상황에서 실무능력을 설명하지 못한다. (p.106)

레질리언스 개념의 핵심은 바로 이러한 '실천 능력'(또는 전문성)이다. 분명히, 킨셀라는 여기서 빠른 해결책을 주장하는 것이 아니라 불확실성이나 돌발상황에 대응할 수 있는 잠재적 역량을 개발할 필요성을 설명하고 있는 것이다.

문제 해결의 문제점

문제 해결 능력은 일반적으로, 실천적인 해결책을 성공적으로 적용함으로써 뒷받침되는 것으로 생각되며, 이러한 해결책의 축적은 개인 및 조직의 학습과 그에 따른 성공적인 업무에 매우 중요하다. 이는 표면적으로는 타당해 보이며, 실제로 '조직적 학습'은 환자 안전 조치의 초석 목표(주로 수사학적)가 되었다. 그러나 이러한 문제 해결은 학습에 상당한 부정적인 영향을 미칠 수 있다(Tucker & Edmondson, 2002). 간호사를 대상으로 한 현장 연구에 따르면, 문제 해결이 사실상 '단기적인 해결책에 몰두하는 경향을 "강화"하여 현장에서 실패로부터 조직의 학습을 제한하는' 것으로 나타났다.

 이 현장 연구에 따라 조직의 문제 해결에 관한 문헌을 검토하면서 다른 논문을 인용하여(Argyris & Schön, 1978), 1차 해결책과 2차 해결책의 유용한 차이점을 설명했다: 전자는 빠른 해결을 강조하지

5. '실용적' 레질리언스: 이론의 오용?

만 역학관계에 대한 이해가 거의 없는 반면, 후자는 재발을 방지하기 위해 이러한 역학관계에 대한 심층 조사를 포함한다. 개념적으로, 1차적 문제 해결은 일종의 '차선책'3)이며, 저자에 따르면 전문적 역량의 높은 평가를 받는 사례로 간주되는 경우가 많다. 이는 '조직적 능력의 함정'(Levitt & March, 1988)이라고 명명한 것으로 다음과 같은 결과로 이어질 수 있다.

...조직은 현재의 역량이 대안보다 바람직하다는 잘못된 암묵적 가정 때문에 학습에 실패한다.

물론, 역량 문제에는 모호한 가치의 지표가 많이 포함되어 있으며, 이는 실제일(WAD)에 대한 더 깊은 이해를 방해하기도 한다. 더욱이, 역량에 대한 엄격한 관점은 전문가 그룹 내외부 간에 경계 문제를 야기한다. 이러한 경계는 궁극적으로 의사소통을 방해하고 환자의 피해를 완화하거나 예방할 수 있는 복잡한 시스템의 잠재적 또는 전개되는 역학(dynamics)관계를 이해할 수 있는 기회를 방해한다.

---

3) 차선책은 돌발상황, 불확실성, 절충 및 과도한 업무량이 흔한 복잡적응시스템(CAS)에서 필요한 일을 수행하는 중요한 수단으로 간주 된다. 이 글은 차선책을 긍정적인 관점에서만 보아야 하는지에 대한 중요한 의문을 제기하는 몇 안 되는 설명 중 하나이다. 레질리언스의 '어두운 면'에 대한 자세한 내용은 Wears and Vincent(2013) 또는 Cook(2013)을 참조한다. 즉, 일이 잘 될 때 뿐만 아니라 잘못될 때도 차선책이 관찰되었다는 것은 흥미롭다(Dekker, 2018).

제Ⅲ부 경계의 이론화

전통적인 안전조치 접근법

2008년, '환자 안전연구의 인식론'이라는 광범위한 논문이 발표되었다(International Journal of Evidence Based Healthcare, Runciman et al.,2008). 실제로 이 논문에서는 '사고조사', 즉 무엇이 잘못되었는지에 대한 인식론을 자세히 논의한다(Hollnagel, 2014). 환자 안전에 관한 여러 개념적 모델이 존재하지만 레질리언스나 높은 신뢰성에 대한 언급은 없다. 정보 출처목록(표2, p.480; Runciman et al., 2008)에서 제안된 핵심 방법은 근원분석 및 계획-수행-연구-실행(PDSA) 방법론을 강조한다. 표4 (p.483; Runciman et al., 2008)는 환자 안전을 우선시하는 기관의 목록이다. 이들 각각은 환자 피해문제를 해결하기 위해 유효하고 표준이 되는 실용적 접근방식과 '안전' 측정지표를 찾는데 많은 투자를 하고 있으나 새로운 사고(thinking)는 없다. 그들은 '실용적 접근방식(Leape, Berwick, Bates, 2002)을 지지한다'고 저자들은 주목한다:

> 정책 담당자는 광범위한 사용을 권장할 수 있는 안전 수칙을 결정할 때 의료 및 기타 산업 분야의 안전 수칙에 대한 전체적인 경험을 고려해야 한다. 무작위로 대조한 시험 증거는 중요한 정보이지만, 실제 적용에는 충분하지도 필요하지도 않다. 현명한 대안은 보건의료 분야의 성공적인 경험과 결합된 최상의 증거를 바탕으로 합리적인 판단을 내리는 것이다. (p.107)[4]

---

[4] 우리는 리프(Leape)가 성공적인 일(Safety-II)을 육성하는 것이라고 확신하지 않으며, 오히려 성공적인 오류감소(Safety-I)를 언급하고 있다.

5. '실용적' 레질리언스: 이론의 오용?

따라서 저자들은 환자 안전문제에 대한 접근방식이 압도적으로 성공하지는 못했으며, 접근방식의 재개념화를 진지하게 고려하지 못했다는 것을 지지한다. 저자들은 환자 안전자체에 대한 이해하기 어려운 개념들을 묶는 방법을 포함하여 몇 가지 '근본적인 도전'과 오류, 위반, 시스템 장애, 니어 미스에 대한 정의적인 문제는 인정하지만, 흥미롭게도 그들이 매우 중요하다고 생각하는 '안전문화'라는 모호한 개념을 지지하는 것은 아니다. 또 저자들은 다음과 같이 주장한다.

> 명백한 것을 인식하고 정보 수집 및 분석 도구를 해결책이 필요한 질문에 맞추는 실용적인 접근방식이 필요하다... 해결할 수 있는 범위는 방대하다; 그럼에도 불구하고, 영향력 있는 기관에서 목록을 개발하였다[위 참조]... 일부 문제는 매우 간단하게 '설계'할 수 있다... 그러나 정량적 및 정성적 방법을 혼합하여 사용 가능한 모든 데이터 소스 정보를 사용하여, 전향적, 후향적, 실시간의 연구 설계를 결합하는 것이, 더 어려운 환자 안전 문제를 해결하기 위해 필요할 수 있다. (p.476)

이 논문은 임상 분야에서 견고하게 자리잡은 실증주의적 진단 및 고정 관점을 검증하고, 매우 복잡하고 역동적인 환자 치료 및 조직적 상호작용의 프로세스에 대한 절대적인 통제가 근본적으로 가능하다고 가정한다. 이는 경계의 중요성을 인정하지 못하기 때문에 그 통제의 실질적 접근방식이 불충분하다는 점을 고려하지 않는다.

제III부 경계의 이론화

성찰

논의된 다양한 주제를 통해 레질리언스의 '실용적인' 적용에 중점을 두는 것이 앞으로 나아갈 길이 아니라는 여러 가지 근본적인 이유가 있다고 생각할 수 있다. 또한 이러한 주제는 잠재적이고 발현적인 것, 즉 레질리언스의 본질에 도전과 놀라움으로 자극받고 이에 대한 적응력을 향상시킬 수 있는 것에 대한 일종의 저항을 불러일으키기도 한다.

첫째, 조직, 특히 의료기관은, 눈에 보이지 않는 것에 시간을 낭비하지 않지만 – 이는 조직이 원하는 것을 반영한 것일 수 있다. 고위 관리자 관점에서 볼 때 안전 문제에 대한 해결책은 경험적으로 입증되어야 한다: 규칙, 지표, 절차 및 정책을 통한 빠른 해결, 징계 및 책임 회피 등이 가장 중요하다. 조직의 업무가 실제로 어떻게 실행되는지에 대한 더 깊고 예리한 측면을 이해하려고 노력하는 것은 우선순위가 높지 않다. 따라서, 레질리언스가 당혹감을 야기시키고 일반적으로 안전에 대한 사고의 개념적 기반으로 무시되는 것은 놀라운 일이 아니다. 실제로, Safety-II조차도 일반적으로 규칙과 절차의 시행, 지침과 모범사례를 엄격하게 준수한 결과로 간주된다. 따라서 일이 어떻게 진행되고 있는지에 대한 심층적인 조사는 일반적으로 불필요한 것으로 간주된다.

둘째, 현장에서 문제 해결의 의도치 않은 결과에 대한 논의를 통해 효율성에 대한 의욕과 전문지식에 대한 자부심 모두를 드러낼 수 있으므로, 신속한 해결을 강화하기 위해 행동한다. 문제가 발생했을

5. '실용적' 레질리언스: 이론의 오용?

때 성찰, 의사소통, 상호 지원 또는 이해를 위한 시간은 없다. 실용적인 해결책은, 특히 실행 시간이 짧은 경우에만 인정받는다. 학습과 예방의 실패이다.

셋째, 보건의료 분야에서는 IOM(Institute of Medicine) 보고서 이후 왜 미미한 진전만 있었는지에 대한 호기심이 현저히 부족하다는 것을 지속적으로 보여주고 있다. 예를 들어, 앞서 논의한 논문(Runciman et al., 2008)과는 달리, 2015년에는 4개소의 독립 기관에서 별도의 보고서를 작성했는데, 모두 2000년 이후 환자 안전 노력이 별다른 성과를 거두지 못했으며 안전에 대한 새로운 개념이 절실히 필요하다는 결론을 내렸다(Baker & Black, 2015; Illingworth, 2015; National Patient Safety Foundation, 2015; Pronovost, Ravitz, Stoll, & Kennedy, 2015). 이 네 가지 보고서는 환자 안전이 진전을 이루지 못하는 본질을 정확하게 파악했지만, 효과적인 해결책을 제시하지 못했고, IOM 보고서에서 볼 수 있듯 '시스템' 접근방식과 '안전문화'라는 듣기에는 좋지만 애매한 레토릭에 불과했다. 네 가지 비판은 내부적으로 모순되며, 우리가 한 일이 효과가 없었기 때문에 2000년에 했던 일을 더 많이 해야 한다고 말한다. 아인슈타인이 관찰했을 수도 있고, 관찰하지 않았을 수도 있는 것처럼: '무모함이란 같은 일을 계속해서 반복하면서 다른 결과를 기대하는 것으로 정의될 수도 있다'.

마지막으로, 성공적인 수행은 측정할 수 없고 잠재적이며 발현적인 기능으로 제안하는 아이디어에 대해 논의하는 것(실용적 의미에서의 적용은 고사하고)은 기술적 합리성에 대한 금기이다: 이것은 상상도 할 수 없는 것이다.

무엇을 해야 하는가?

만약, 우리가 제안한 것처럼, 실용적 레질리언스가 모순이라면, '앞으로의 계획'은 무엇인가? 첫째, 앞서 언급했듯이, 레질리언스 개념이 대체로 서술적이었다는 점을 상기하는 것이 유용하다. 우리는 조직이 심각한 문제에 직면하여 충격적이거나 그 후에도 업무를 유지할 수 있었던 상황을 조사했다: 성공적으로 계획된 축제가 개최되기 직전에 폭설로 인해 박물관이(19세기 원형건물) 심각하게 손상을 입었던 볼티모어 및 오하이오 철도박물관사건은(Christianson, Farkas, Sutcliffe & Weick, 2009)좋은 사례이며, 예루살렘의 병원이 버스 폭탄테러 이후 대규모 사상자를 관리한 방식도 마찬가지다(Cook & Nemeth, 2006). 포괄적이고 미묘한 서술적 연구는 레질리언스가 발현될 때 어떤 모습을 보이는지, 또한 다양한 상황에서 그 출현을 뒷받침하는 행동이 무엇인지에 대한 추가적 이해를 계속 제공할 필요가 있다.

둘째, 보건의료 전문가의 레질리언스는, 민족지학적(ethnographic), 사회학적(즉, 조직적) 의미뿐만 아니라, 심리적, 인지적 및 심리사회적 측면에서(문제와 기회에 대한) 대처의 한 형태이다. 그 출현은 대부분 다양한 정서적, 인지적, 행동적 역량을 요구하는 자극(예측할 수 없는)에 의존한다. 그것이 나타나는 정도와 힘은 예측할 수도 측정할 수도 없다. 따라서, 새로운 현상으로서의 레질리언스의 이론적

5. '실용적' 레질리언스: 이론의 오용?

본질과 보건의료 조직에서 레질리언스의 규범적이며 실용적인 개념을 조화시키는 것은 어렵다.

셋째, 우리가 이미 얻은 통찰을 통해 고위험의 복잡계 적응형 조직에서 레질리언스의 출현을 뒷받침하는 것으로 밝혀진 여러 기본적인 인지 및 행동 속성이 있다는 합리적인 확신을 가질 수 있다. 여기에는 다음 사항들이 포함된다:

- 잠재적 취약성에 대한 공유된 인식을 바탕으로 위험과 기회에 대한 지속적인 인식유지 및 취약한 신호에 대한 인식
- 다학제간 전문 지식을 바탕으로 한 풍부한 대응책
- 경계 내 및 경계를 넘나드는 소통
- 변화에 직면하여 적응 허용(실제로 장려)
- 문제를 인식하고 예방 또는 관리하는 방법에 대한 성찰의 필요성 인식

각 속성에는 이러한 조직 및 개인행동을 촉진하기 위한 지속적인 노력이 필요하다. 최근 예상(anticipation)에 대한 논의에서 언급했듯이, 그러한 행동이:

> … 예상치 못한 상황에 대한 자기 조직적 대응(그 자체가 자기 조직화의 과정)으로 이어진다. 행동이 [중요한] 이유는 우리가 아이디어나 생각을 통해 상황, 배경, 환경 등을 [즉시 바꿀 수 없기] 때문이다. 우리는 참여와 실행을 진전시킴으로써 상황을 변화시킨다… [이것은] 인지(신

념 및 생각), 영향(가치, 태도, 통제된 감정과 두려움), 맥락(개인과 문제를 둘러싼 특정 사항 및 환경)이 포함된다. (Van Stralen, 2017)

넷째, 이러한 것들은 맥락에 얽매이거나 한시적인 해결책이 아니라, 지속적으로 실천해야 하는 일반적인 태도와 행동의 변화이다. 또한 역경을 관리하고 성공을 촉진할 가능성을 높이기 위해 경계를 포함한 광범위하고 복잡한 조직 역학의 영향을 인정해야 한다(Flach & Voorhorst, 2016). 행동 계획, 거창한 슬로건 또는 '비전'만으로는 이러한 변화를 달성할 수 없다. 실제로, 보건의료 기관의 개선에 대한 연구(및 안전에 대한 논의에서도 주장)에 따르면 권한 부여와 '상향식' 개선에 대한 설득 수사법은 경영진의 하향식(top-down) 계획을 가리는 연막에 불과하다는 점을 제시했다(Waring & Crompton, 2017): 그러한 미사여구는 경계 문제를 완화하기는커녕 오히려 악화시킨다. Braithwaite, Runciman and Merry (2009)는 다음과 같이 지적한다.

> 채탄 막장에서 일하지 않는 사람들에게 위계적 구조와 상명하복식 지시를 강요하기 보다는... 사회기술적 시스템의 자연적 특성과 행동을 유도하는 데 중점을 두어야 한다[또한 그 시스템 내에서 일하는 개인에 주목해야 한다]. (p. 39)

요약하면, 우리는 레질리언스를 운용하려는 노력(측정하거나 실용화하기 위해)이 본질적으로 발현하는 특성과 일치하지 않는다고 주장

5. '실용적' 레질리언스: 이론의 오용?

한다. 보건의료 실무(행정 및 임상, 즉 Safety-I)의 실패를 줄이기 위한 지속적인 계획이 미약한 것에 우려를 표한다. 레질리언스 이론(Safety-II)은 '일이 잘 진행되는 방법'으로 초점을 바꾸고 앞에서 언급한 경계와 상호작용하는 행동이 실제 레질리언스가 나타나는데 중요하다는 점을 강조한다(Dekker, 2018). 그리고, 보건의료에서 실패와 성공을 이해하는 방식에 상당한 변화가 필요하고 실용적인 것이 무엇을 의미하는지 재고할 필요가 있다. 우리의 관점은, 피상적 해결책이나 지표(종종 오해의 소지가 있는)에 대한 긴급한 규범적 추진이 아니라, 레질리언스의 발현과 관련된 일상적인 관행에 내재된 행동을 촉진하는 모든 수준의 의료기관들이 더 깊이 참여하는 것이다. 이것이 실행되어야 할, 어렵고 가장 효과적인 작업이다. 체스터턴의 표현을 빌리면, 레질리언스는 시도되지 않았고 부족한 것으로 밝혀졌다; 그것은 어렵고 시도되지도 않았다.(Chesterton, 1910).

참고문헌

Argyris, C. & Schon, D. (1978). Organizational Learning: A Theory of Action Perspective. Reading, MA: Addison-Wesley Publishing.

Baker, G. R. & Black, G. (2015). Beyond the Quick Fix: Strategies for Improving Patient Safety. Toronto, ON: University of Toronto.

Barr, D. P. (1955). Hazards of Modern Diagnosis and Therapy – The Price We Pay. JAMA, 159, 1452–1456.

Beck, U. (1992). Risk Society: Towards a New Modernity. London, UK: Sage Publications.

Bergström, J., van Winsen, R., & Henriqson, E. (2015). On the Rationale of Resilience in the Domain of Safety: A Literature Review. Reliability Engineering & System Safety, 141, 131–141.

Braithwaite, J., Runciman, W., & Merry, A. (2009). Towards Safer, Better Healthcare: Harnessing the Natural Properties of Complex Sociotechnical Systems. BMJ Quality and Safety, 18(1), 37–41.

Chesterton, G. K. (1910). What's Wrong with the World, pt 1, ch 5, as cited in Bartlett J., Familiar Quotations, 14th ed. (p. 918). Boston, MA: Little Brown and Co.

Christianson, M. K., Farkas, M. T., Sutcliffe, K. M., & Weick, K. E. (2009). Learning Through Rare Events: Significant Interruptions at the Baltimore & Ohio Railroad Museum. Organization Science, 20(5), 846–860.

Cohen, S. (1972). Folk Devils and Moral Panics. New York, NY: Routledge.

Cook, R. & Nemeth, C. (2006). Taking Things in One's Stride: Cognitive Features of Two Resilient Performances. In E. Hollnagel, D. D. Woods, & N. Leveson (Eds.), Resilience Engineering: Concepts and Precepts (pp. 205–220). Aldershot, UK: Ashgate Publishing.

5. '실용적' 레질리언스: 이론의 오용?

Cook, R. I. (2013). Resilience, the Second Story, and Progress on Patient Safety. In E. Hollnagel, J. Braithwaite, & R. L. Wears (Eds.), Resilient Health Care (pp. 19–26). Farnham, UK: Ashgate Publishing.

Cook, R. I. (2016). Poised to Deploy: The C-Suite and Adaptive Capacity. Velocity. Santa Clara, CA: O'Reilly Associates.

Dekker, S. W. A. (2014). The Bureaucratization of Safety. Safety Science, 70, 348–357.

Dekker, S. W. A. (2015). The Psychology of Accident Investigation: Epistemological, Preventive, Moral and Existential Meaning-Making. Theoretical Issues in Ergonomics Science, 16(3), 202–113.

Dekker, S. (2018, 28 September). Why do Things go Right? Safety Differently.com post.

Dekker, S. W. A., Long, R., & Wybo, J. L. (2016). Zero Vision and a Western Salvation Narrative. Safety Science, 88, 219–223.

Feeley, D. (2017, 17 February). Six Resolutions to Reboot Patient Safety. Retrieved from http://www.ihi.org/communities/blogs/_layouts/15/ihi/community/blog/itemview.aspx?List=7d1126ec-8f63-4a3b-9926-c44ea3036813&ID=365

Flach, J. M. & Voorhorst, F. (2016). What Matters? Putting Common Sense to Work (p. 382). Dayton, OH: Wright State University Libraries. Retrieved from http://corescholar.libraries.wright.edu/books/127/

Goodhart, C. A. E. (1975). Problems of Monetary Management: the UK Experience. Vol 1 of Papers in Monetary Economics, Reserve Bank of Australia.

Graetz, F. & Smith, A. C. T. (2010). Managing Organizational Change: A Philosophies of Change Approach. Journal of Change Management, 20(2), 135-154.

Hiatt, H. H., Barnes, B. A., Brennan, T. A., Laird, N. M., Lawthers, A. G., Leape, L. L., ⋯ William, G. (1989). A Study of Medical Injury and Medical Malpractice. New England Journal of Medicine, 321(7), 480-484.

Hollnagel, E. (2014). Is Safety a Subject for Science? Safety Science, 67, 21-24. doi: 10.1016/j.ssci.2013.07.025

Illingworth, J. (2015). Continuous Improvement of Patient Safety: The Case for Change in the NHS. London, UK: The Health Foundation. Retrieved 12 November 2015, from http://www.health.org.uk/sites/default/files/ContinuousImprovementPatientSafety.pdf

Kinsella, E. A. (2007) Technical Rationality in Schön's Reflective Practice: Dichotomous or Non-Dualistic Epistemological Position. Nursing Philosophy, 8(2), 102-113.

Kohn, L. T., Corrigan, J. M., & Donaldson, M. S. (Eds.). (1999). To Err is Human: Building a Safer Health System. Washington, DC: National Academy Press.

Leape, L. L., Berwick, D. M., & Bates, D. W. (2002). What Practices Will Most Improve Safety? Evidence-Based Medicine Meets Patient Safety. JAMA, 288(4), 501-507.

5. '실용적' 레질리언스: 이론의 오용?

Leape, L. L., Brennan, T. A., Laird, N., Lawthers, A. G., Localio, A. R., Barnes, B. A., … Hiatt, H. (1991). The Nature of Adverse Events in Hospitalized Patients. Results of the Harvard Medical Practice Study II. New England Journal of Medicine, 324(6), 377–384.

Levitt, B. & March, J. (1988). Organizational Learning. Annual Review of Sociology, 14, 319–340.

Mills, D. H. (1978). Medical Insurance Feasibility Study. A Technical Summary. Western Journal of Medicine, 128(4), 360–365.

Mills, D. H., Boyden, J. S., & Rubamen, D. S. (Eds.). (1977). Report on the Medical Insurance Study. San Francisco, CA: Sutter Publications.

Morrison, I. & Smith, R. (2000). Hamster Health Care. BMJ, 321(7276), 1541–1542.

Moser, R. H. (1956). Diseases of Medical Progress. New England Journal of Medicine, 255(13), 606–614.

National Patient Safety Foundation. (2015). Free from Harm: Accelerating Patient Safety Improvement Fifteen Years after to Err is Human. Cambridge, MA: National Patient Safety Foundation. Retrieved 8 December 2015, from http://www.npsf.org/custom_form.asp?id=03806127-74DF-40FB-A5F2-238D8BE6C24C

Ogilvie, R. I. & Ruedy, J. (1967a). Adverse Drug Reactions during Hospitalization. Canadian Medical Association Journal, 97(24), 1450–1457.

Ogilvie, R. I. & Ruedy, J. (1967b). Adverse Reactions during Hospitalization. Canadian Medical Association Journal, 97(24), 1445-1450.

Pronovost, P. J., Ravitz, A. D., Stoll, R. A., & Kennedy, S. B. (2015). Transforming Patient Safety: A Sector-Wide Systems Approach: Report of the WISH Patient Safety Forum 2015. Qatar: World Innovation Summit for Health. Retrieved 18 February 2015, from http://dpnfts5nbrdps.cloudfront.net/app/media/1430

Runciman, W. B., Baker, G. R., Michel, P., Jauregui, I. L., Lilford, R. J., Andermann, A., … Weeks, W. B. (2008). The Epistemology of Patient Safety Research. International Journal of Evidence-Based Healthcare, 6(4), 476-486.

Schimmel, E. M. (1964). The Hazards of Hospitalization. Annals of Internal Medicine, 60, 100-110.

Schön, D. (1982). The Reflective Practitioner: How Professionals Think in Action. New York, NY: Basic Books.

Schön, D. (1987). Educating the Reflective Practitioner. New York, NY: Jossey-Bass.

Tucker, A. L. & Edmondson, A. C. (2002). When Problem Solving Prevents Organizational Learning. Journal of Organizational Change Management, 15(2), 122-137.

van Stralen, D. (2017, June 14). High Reliability Organizations (HRO) Conference Call Series: Reliability and Safety as Behaviors [personal correspondence].

5. '실용적' 레질리언스: 이론의 오용?

Waring, J. & Crompton, A. (2017). A 'Movement for Improvement'? A Qualitative Study of the Adoption of Social Movement Strategies in the Implementation of a Quality Improvement Campaign. Sociology of Health & Illness, 39(7), 1083-1099.

Wears, R. L. & Hunte, G. S. (2014). Seeing Patient Safety 'Like a State'. Safety Science, 67, 50-57.

Wears, R. L. & Vincent, C. A. (2013). Relying on Resilience: Too Much of a Good Thing? In E. Hollnagel, J. Braithwaite, & R. L. Wears (Eds.), Resilient Health Care (pp. 135-144). Farnham, UK: Ashgate Publishing.

Weber, M. (2015). Bureaucracy Weber's Rationalism and Modern Society: New Translations on Politics, Bureaucracy, and Social Stratification (pp. 73-127). London, UK: Palgrave Macmillan.

Wilson, A. L. & Hayes, E. R. (2000). On Thought and Action in Adult and Continuing Education. In A. L. Wilson & E. R. Hayes (Eds.), Handbook of Adult and Continuing Education (pp. 15-32). San Francisco, CA: Jossey-Bass.

제Ⅲ부 경계의 이론화

6 | 다양한 형태의 공유리더십(Shared Leadership)을 통한 보건의료기관의 레질리언스 구축

Lev Zhuravsky
University of Otago
Waitemata District Health Board

Eric Arne Lofquist
BI Norwegian Business School

Jeffrey Braithwaite
Macquarie University

【목차】

소개	87
복잡적응시스템(CAS) 및 리더십 운영의 경계	88
레질리언스와 복잡성	91
경계와 격차	93
경계의 선도 및 관리	95
격차 탐색을 위한 모델로서의 공유리더십	98
몇 가지 사례	100
결론	103
참고문헌	104

6. 다양한 형태의 공유리더십(Shared Leadership)을 통한 보건의료기관의 레질리언스 구축

소개

보건의료기관은 실행력을 위해 갑작스럽고 예상치 못한 요구에 대응해야 하고 가능한 한 빨리 그 손실을 최소화하면서 정상적으로 운영하는 환경으로 복귀해야 하는 경우가 많다(Cook & Nemeth, 2006). 조직의 레질리언스는 조직이 이러한 다양한 요구를 충족하고 팀이 경험할 수 있는 실패, 좌절, 갈등 또는 복지에 대한 여러 위협으로부터 회복(rebound) 능력을 제공한다(Morel, Amalberti, & Chauvin, 2008). 그러나, 일을 설계할 때와 실행되었을 때 항상 일치하는 것은 아니며(Hollnagel, 2014), 이는 운영의 관점에서 격차로 나타난다. 실제로, 현장의 운영은 항상 복잡하고 끊임없이 변화한다; 성공하기 위해서는 고도의 적응력이 필요하며, 무엇보다 재앙을 피하기 위해 적응력이 필요하다. 그러나 현장(sharp end)에서 경험하는 현실은 전략적 결정을 내리고 목표를 설정하며 목표 달성을 위해 구체적인 절차를 결정하는 운영진(blunt end)의 현실과는 크게 다르다. 이 역시 복잡하지만, 운영진의 활동 시간은 더 길고 영향력도 더 오래 지속된다. 더욱이 경영진부터 현장에 이르기까지 이어지는 단순한 명령 체계도 거의 없다. 이는 진료 제공과 관련된 운영상의 경계가 많다는 것이다. 이 챕터에서는 이러한 경계를 관리하는 방법과 이유, 경계의 변화 및 시간이 지남에 따라 발생하는 격차를 줄이는 데 있어 리더십의 역할에 초점을 맞춘다.

제Ⅲ부 경계의 이론화

복잡적응시스템(CAS) 및 리더십 운영의 경계

보건의료는 복잡적응시스템의 우수성을 보여주는 많은 사례를 제공한다. CAS는 설계할 수는 있지만, 어느 정도까지만 가능하다. 이 시스템은 차량이나 산업 프로세스를 특정하는 것과 같은 의미로 설계할 수는 없다. CAS는 학습, 적응, 자기 조직화 경향이 강하고, 실행되는 동안 상황이 발생하기 때문이다. 종합적으로 볼 때, 이러한 특성은 발현(emergence)으로 정의할 수 있다: 구조와 행동이 하위 단계에서 발생하고, 지속적으로 재형성되는 현상이다. 결과적으로, CAS를 관리하는 일은 사실상, 시스템이 계속해서 자체적으로 재설계되기 때문에 어려운 과제인 것이다. 사실 CAS에서 '리더십'과 '관리'의 근본 구조는 다른 유형의 시스템과는 달리 무엇을 해야 하는지를 사전에 명시하는 문제가 아니며, 하위 단계는 단순히 규정된 작업을 수행하는 것에 불과하기 때문이다. 최근 CAS의 리더십 문제, 특히 모호하거나 불분명한 운영의 경계를 다루는 몇몇 연구 분야가 있다. 첫 번째는 리더십의 다양성에 초점을 맞추고 있는데, 이는 종종 애매한 구조적 및 전문적 경계를 넘어 여러 리더의 영향력을 결합하는 것이다(Denis, Langley, & Sergi, 2012). 두 번째는 발현 상황에 대한 배려, 지식, 적절한 시기에 기반한 대응을 통해 상호인과적 관계가 경계를 넘어 참여자를 연결하는 관계적 조화라는 개념이다(Gittell, 2015; Gittell & Douglass, 2012). 그리고 마지막으로 전통적인 리더십 이론을 뛰어넘는, 문제점에 가장 가까운 리더들이 적절한 행동을 취하는 집단 간 리더십을 다루는 비교적

6. 다양한 형태의 공유리더십(Shared Leadership)을 통한 보건의료기관의 레질리언스 구축

새로운 연구 분야가 있다(Hogg, Knippenberg, & Rast, 2012). 이는 고신뢰조직(HRO)의 전문성을 존중한다는 개념과 유사하다(Weick & Sutcliffe, 2001). 이러한 각 영역은 관계적 유대를 기반으로 경계를 넘는 리더십에 중점을 두며, 공유리더십의 형태로 특징지어질 수 있다.

지난 20년 동안, 학자들은 보건의료 구조와 계획이 CAS의 속성을 반영하는 방식을 조사하기 시작했다. 예를 들어, 복잡성의 기본 원칙을 적용하고 설명하는 세 가지 구체적인 프로젝트 사례를 제시한다(Braithwaite, Clay-Williams, Nugus and Plumb, 2013). 첫 번째 프로젝트는 실무자 수준에서 CAS를 조사하여, 환자 안전에 대한 정신건강 전문가의 미시적 시스템 개념화를 탐구했다. 호주의 한 대도시에 있는 정신건강 분야 내 두 팀을 대상으로 6개월 간 진행한 혼합방법연구(mixed-methods study)에서, 전문가도 자신이 일하는 시스템 전체에 대해 모두 알 수는 없지만, 일반적으로 경험적 휴리스틱을 사용하고 제한된 합리성을 적용하여 시스템에서 자신의 부분을 안전하게 유지하는 데 충분히 업무를 잘 수행할 수 있다는 결론을 내렸다(Plumb, Travaglia, Nugus, & Braithwaite, 2011). 두 번째 프로젝트는 부서 수준에서 작동하는 CAS를 살펴보고 반향, 상호작용 및 적응하는 중간수준 단위로서의 응급부서(ED)를 연구했다. 이러한 민족지학적 연구에는 2005년부터 2007년까지 호주 시드니에 있는 3차 진료병원 두 곳의 응급부서를 1년 이상 관찰한 내용을 포함한다. 연구 결과에 따르면 응급 임상의는 임상적이며 조직적인 동시에 다양한 중복 단계를 통해 환자의 치료 경로를 안내할 책임을 보여주었다(Nugus & Braithwaite, 2010). 마지막 연구에서는 약 5,000명의 스태프로 구성된 사회과학 연구팀을 호주 수도권 보건의료 시스템에 파견하여 시스템 수준에서 CAS를 조사하였다. 이 연구는 의료 전문가의 태도 변화와 외부 수단을 통한 내재된 업무방식과 관련된 도전을 조사하면서 보건의료 전반에 걸친 긴급한 전문가 간 관행에 대한 사회 생태계 관점을 제시하였다(Braithwaite et al., 2013). 이 사례는 다양한 수준의 관점에서 CAS의 특성을 강조하고, 자기조직화, 적응, 적응 역량, 집단화 및 네트워크 형성을 포함한 다양한 통합적 행동(resilient behaviours)을 보여주었다.

앞에서 소개한 각각의 사례에서, 공통점은 레질리언스 엔지니어링(RE)의 개념과 원칙을 바탕으로 조직이 레질리언스를 일상 업무에 어떻게 적용하는지를 파악하는 것이었다(Hollnagel, Woods, & Leveson, 2006). RE는 보건의료를 포함한 CAS의 레질리언스를 설명하는 데 유용한 접근방식이다. 이는 예상치 못한 상황에 대응할 수 있는 시스템의 능력에 기여하는 행동과 자원을 식별하고 올바른 가치를 부여하기 위한 노력이다. 이름에서 알 수 있듯이, 적응 역량을 뒷받침하기 위해 CAS에 레질리언스를 설계할 수 있다는 가정이다. 우리가 보는 바와 같이, 적응 역량이란 현장에 있는 개인이 새로운 상황이나 돌발 상황에 대처하기 위해 입안된 규칙, 규정 및 협약을 벗어날 수 있는 능력이다. RE에서는 시스템의 변동성은 피할 수 없는 부분이며 잠재적으로 유익하다는 점을 인식하고, 따라서 이를 무시하거나 통제하기보다는 활용해야 한다고 주장한다. 이러한

6. 다양한 형태의 공유리더십(Shared Leadership)을 통한 보건의료기관의 레질리언스 구축

시스템에서 레질리언스를 촉진하는 경영진과 리더십 역할에 더 많은 관심을 기울일 가치가 있으며, 조직의 레질리언스에 대한 이해를 넓힐 수 있다.

레질리언스와 복잡성

조직의 레질리언스 이면에 있는 아이디어는 오래전부터 존재해 왔지만, 이를 보건의료에 적용한 것은 비교적 최근이다. 레질리언스라는 용어는 유기체가 '도약하거나 다시 뛰어오르는(to jump or leap back)' 능력을 뜻하는 라틴어 'resilire'에서 유래되었다(Fletcher & Sarkar, 2013). 현대적 개념에서, 레질리언스는 장애를 받아들이고 안정성을 유지하는 시스템의 능력을 의미한다(Holling, 1973). 전통적으로 레질리언스는 두 가지 서로 다른 관점에서 비롯되었다. 물리과학에서는 레질리언스를 이동이나 변형 후 원래의 평형 상태로 회복하는 물질의 능력으로 설명한다(Lazarus, 1993; Luthar & Cicchetti, 2000). 사회-생태학적 관점에서는 레질리언스를 '변화를 겪는 동안 본질적으로 동일한 기능, 구조, 정체성 및 피드백을 유지하기 위해 장애를 흡수하고 재구성하는 시스템의 역량'으로 설명한다(Walker, Holling, Carpenter, & Kinzig, 2004, p.1).

최근에 레질리언스에 대한 접근방식은 사회-생태학적 정의를 확장하여 조직이 미래 상황에 대응할 수 있도록 다양한 역량을 설계하

는 의사결정 과정을 포함한다(Bernard, 2004; Suddaby, 2010). 이를 위해서는 상태, 특성, 과정 및 결과를 포함하는 여러 수준의 개념적 레질리언스가 필요하다(Fletcher & Sarkar, 2013). 조직적 레질리언스는 현대 시스템이 매우 복잡하고 역동적으로 적응하는 사회기술시스템으로 지속적인 변화를 겪고 있으며, 적응을 통한 새로운 균형 상태가 불확실하고 변동성이 많다는 점을 인식한다. 일부 접근방식은 시스템이라는 개념에 도전하기도 하고, 시스템의 본질적인 특성을 포착하기 위해 설명하기도 한다(Tangled Layered Networks, Woods, 2015). 어느 쪽이든 조직의 레질리언스는 현장(sharp end)에서 일하는 개인이 관련된 집단과 지속적으로 적응하려는 역할을 인식한다.

운영 시스템의 구조, 프로세스 및 방향을 만드는 사람들의 가상일(WAI)과 실제일(WAD) 사이의 격차는 빠르게 발전하는 RE 연구 분야에서 특히 주목받고 있다. 이 격차를 해석하는 방법은 이를 인식하는 사람이 조직 내 어떤 위치에 있느냐에 따라 달라진다(Lofquist, Dyson, & Trønnes, 2017). 이러한 격차가 어떻게 생성되고 관리될 수 있는지 이해하는 것은 조직의 레질리언스에 중요하다. 또한 RE는 리더십이 조직의 레질리언스를 유지하는 구조적, 사회적, 개인적 요인을 생성하는 요소 중 하나임을 인식한다.

여러 측면에서, 보건의료의 실행력은 실무 측면(sharp end)과 운영 측면(blunt end) 모두를 가진 쐐기(wedge)에 비유할 수 있다. 실무자는 전문성, 지식 및 기술을 적용하여 결과를 창출하며 시스템의 최전선에서 일한다. 운영진은 조직의 리더, 관리자 및 현장에서

6. 다양한 형태의 공유리더십(Shared Leadership)을 통한 보건의료기관의 레질리언스 구축

실무를 형성하는 자원과 제약조건 등을 활용한다(Nemeth, Nunnally, O'Connor, Klock, & Cook, 2005). 그러나 외부 이해관계자(정책 담당자, 투자자, 납세자)의 형태로 조직의 운영진에서 실무진까지 서비스 제공을 요구하며 쐐기를 박는 도구가 있을 수도 있다. 운영진의 인지 업무는 관리자의 많은 관심을 받는 반면, 실무진의 인지 업무는 연구가 덜 되어 현장으로 갈수록 파악하기가 더 어렵다. 보건의료 조직과 같은 지속적인 환경 변화를 경험하는 CAS에서 환자 치료의 최전선에 있는 실제일(WAD)은 경영진의 조직 및 부서를 관리하고 이끄는 사람들이 실행하는 가상일(WAI)과는 항상 다르다(Hollnagel, 2014).

경계와 격차

실무자는 관리자의 지시에 따라 행동하기보다 부분적으로는 자신의 경험과 전문성을 바탕으로 행동을 조정한다(Braithwaite, Wears, & Hollnagel, 2017; Hollnagel, Braithwaite, & Wears, 2013; Hollnagel, Wears, & Braithwaite, 2015; Wears, Hollnagel, & Braithwaite, 2015). 실무자 및 현장 직원들의 WAD가 시스템 설계자 및 관리자의 WAI와 어떻게 다른지에 대한 많은 사례가 있다(Hollnagel et al., 2013). 시스템의 격차와 틈에서 어떤 일이 일어나는지 살펴봄으로써 시스템을 통합하거나 결합에 실패한 상황이나 환경을 조사하면서 시스템을 이해할 수 있는 기회가 발생한다. 최근 보건의료 분야의 사회적 공간, 사일로 및 격차에 대한 조사를 체계적으로 검토한 연구(Braithwaite, 2010)에서는 격차 현상이 널리 퍼져있음을 지적했다. 대체로, 보건의료에서 격차와 사일로는 사람들이 존재하는 사회적 및 직업적 구조를 정의한다. 격차에는 여러 유형이 있지만 두 가지가 주를 이룬다: 계층적 구조 격차, 즉 수직적 계층 격차와 이질적 위계 격차, 즉 수평적 계층 격차(그림6.1 참조, 계층적 구조와 이질적 위계 모두 여기에 표시된 것보다 더 유동적이다). 특히, 이질적 위계조직은, 덜 형식적이고 보다 유연한 표현으로 간주되며, 인식하는 사람의 관점에 따라 자연스럽게 바뀔 수 있다.

핵심은, 모든 보건의료 시스템에는 연결성에 한계가 있으며, 격차와 사일로가 의료 조직을 조직 간 협업 및 레질리언트한 실행력에서 벗어나 취약한 위기로 몰아갈 수 있다는 것이다. 취약함(Brittleness)은 잠재적인 재앙을 초래할 수 있는 시스템 붕괴의 위기를 의미한다. 예를 들어, 뉴질랜드 캔터베리에서 레질리언스에 관한 연구를 통해 도출된 예비 결과에 따르면, 지진 이후 적응적 레질리언스, 즉 위기에 직면했을 때 적극적으로 대응하려면 사일로 간 통합적 의사소통과 지원, 공유리더십이 필요하다는 것을 알 수 있다(Lee, Vargo, & Seville, 2013).

6. 다양한 형태의 공유리더십(Shared Leadership)을 통한 보건의료기관의 레질리언스 구축

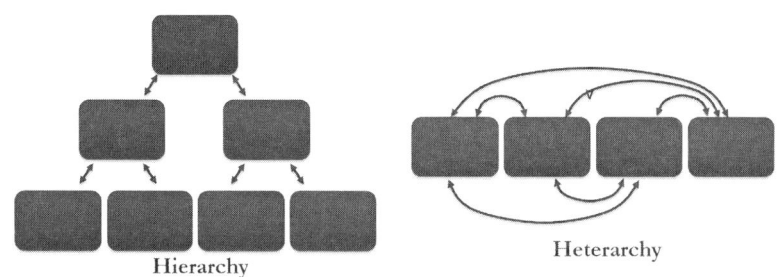

[그림 6.1]
계층적(Hierarchy) 구조 및 이질적 위계(Heterarchy) 구조
(From Braithwaite et al., 2017)

 이것은 리더십이 공식적으로 임명된 리더에게만 국한되지 않고 우연히 형성된 대안적 리더십 모델에 대한 관리 및 조직 연구에 대한 관심이 증가하고 있음을 반영한다. 최근 연구에서도 통합적 행동(resilient behaviour)을 촉진하는 리더십 스타일에 초점을 맞추기 시작했다(Lofquist, 2016). 최근 보건의료 분야에서는 분산된 리더십 형태의 공유리더십 모델에 관심이 높아지고 있다(Greenfield, Braithwaite, Pawsey, Johnson, & Robinson, 2009).

경계의 선도 및 관리

따라서 조직적 레질리언스는 혼란스럽고 새롭게 발생하는 상황뿐 아니라, 빈번하며 장기 종속적인 상황에도 대응하여 즉각적으로 적응 가능한 개인과 그룹이 요구된다. 이를 위해서 통합적 행동을 장려하는 분위기가 필요하다. 수많은 연구에서 일부 리더와 특정 리더십 스타일이 업무환경에 영향을 주어 실행력에 영향을 미칠 수 있다는 사실이 밝혀졌다(Lofquist, Isaksen, & Dahl, 2017). 그러나 현재, 통합적 조직을 만드는 데 있어서 리더십 역할은 거의 이해되지 않고 있다. 정의에 따르면, 리더는 실무 현장에서 시간 및 공간적으로 분리되어 있으며 완전히 다른 일련의 과제에 대응하는 경우가 많다.

특히 시간 측면에서, 실무진과 운영진을 구분한다. 정부 당국과 규제 기관과 같은 외부 이해관계자는, 수년에 걸쳐 결정을 내리고 요구사항을 만들어낸다. 그리고 최고 경영자는 이러한 요구사항을 조직의 구조와 정책, 절차 및 공식적인 규정을 시행하면서 조직이 원하는 목표와 이를 달성하는 방법을 내부 프로세스 및 절차로 해석하여 실무진에 전달한다. 이러한 전달체계는 현장에 도달하는 데 수개월 또는 수주가 걸릴 수 있으며, 예를 들어 엄격한 정책이나 표준 운영절차 등, 본질적으로 변화가 없는 경우가 많다. 반면, 실제 작업이 이루어지는 현장에서, 개인은 몇 시간, 몇 분, 경우에 따라서는 몇 초만에 조치를 취해야 한다. 이러한 시간 관점의 차이는 관리진과 실무진 간 존재하는 격차를 강화한다.

이 과정에서 리더십 및 관리는 본질적으로 무관하며, 결정을 내리는 것은 경제적, 전문적 행동, 또는 편재된 문화적 특성이라는 주장을 펼치는 것도 무리는 아니다. 그러나 이 관점은 리더십 및 관리를 정해진 고유 명사나 고정된 것으로 보고 – 조직 내부와 조직적 경계를 넘어서는 일련의 선형적 상호작용과 연관성으로 표현하는 고정

6. 다양한 형태의 공유리더십(Shared Leadership)을 통한 보건의료기관의 레질리언스 구축

된 관점과 의견을 행사하는 조직으로 묘사된다. 적극적인 의미에서의 리더십 효과에 대한 이해는 낮아진다: 이는 리더의 관계적 상호작용이 조직의 헌신, 자율성, 자기 효능 및 직무 참여를 추구하는 심리적 메커니즘을 통해 통합적 행동을 뒷받침하는 개인 및 그룹 실행력에 영향을 미친다(Macey & Schneider, 2008).

리더는 조직의 구조 설계, 자원 분배, 정책 수립, 수행해야 할 직무, 특히 목표를 명확히 하고 달성하여 외부 이해관계자를 어떻게 만족시킬 것인지 결정함으로써 외부의 요구에 대응하고 안전지대를 창출한다. 이러한 안정성에 대한 투영은 이해관계자들에게 통제에 대한 환상을 심어준다. 최근 미국의 대도시에 위치한 대형 대학병원 CEO의 인터뷰에서 의사들이 항상 쟁점이 되는 규칙을 따르는지 질문을 받았다. 이에 대한 답은 '물론이다. 규칙을 준수하거나 따라야 한다. 나는 규칙을 벗어나는 것을 용납할 수 없다'(Lofquist, 2018, p. 19)라고 답했다. 이는 조직의 리더가 현장의 역동적인 실무 특성을 제대로 이해하지 못했음을 보여주는 사례이다. 통제에 대한 이러한 환상은 실무 현장에서 사라져 버린다: 현장에서 개인은 상부의 지시를 항상 따를 수 없으며, 만족스러운 결과를 달성하기 위해 규범적 절차를 벗어나거나 적응하여 행동하는 경우가 많다. 같은 ED의 의사들에게 항상 규칙을 따르는지 물었을 때, 일반적인 대답은 '말도 안 된다. 그렇게 할 수 없다. 규칙은 비교적 일반적이고, 정기적으로 변경되며, 극도의 시간적 압박과 제한된 자원으로 처리해야 하는 복잡한 사례에는 거의 맞지 않는다.'(Lofquist, 2018, p. 20)라고 했다.

제III부 경계의 이론화

격차 탐색을 위한 모델로서의 공유리더십

수년에 걸쳐 리더십 연구는 조직 리더십의 다양한 모델을 생산해 왔으며: 리더십은 경영자의 '특권'을 통해 한 개인이 하향식(top-down)으로 행사해야 효과적이라는 일반적인 가정을 전제로 한다. 그러나, 이러한 전통적인 가정에 도전하는 연구는 제조 기업부터 학교, 금융 조직에 이르기까지 다양한 분야에서 수행하는 연구가 증가하면서 이의를 제기하고 있다(Carson, Tesluk, & Marrone, 2007). 정적관리 모델(Static management models)은 지정된 한 명의 리더에게 집중하지 않고 팀원 간 리더십 과제를 분산했을 때 성공적으로 결실을 맺었다. 이러한 공유리더십은 '그룹 또는 조직의 목표 달성을 위해 서로를 이끄는 것을 목적으로 하는 그룹 내 개인들 간의 역동적이고 상호작용적인 영향력의 과정'으로 정의할 수 있다(Conger & Pearce 2003, p. 286). 전통적으로 리더십 연구는 리더 개인, 더 나아가 업무 과제의 조직화에 대한 수직적 접근방식에 초점을 맞춰왔다(Northouse, 2001). 리더십에 대한 공유된 접근방식은 이러한 개인 차원의 관점에 의문을 제기하며, 최고위 리더에게 지나치게 초점을 맞추고 비공식적 리더십이나 더 중대한 상황적 요인에 대해서는 거의 언급하지 않는다고 주장한다. 이와는 대조적으로, 공유리더십은 그룹 차원의 현상으로 리더십 실천의 개념을 제시한다(Yukl, 2006). 공유리더십은 그룹 또는 조직의 목표 달성을 위해 서로를 이끄는 것을 목표로 하는 그룹 내 개인 간의 역동적이고 상호작용적 영향력의 과정이라고 정의할 수 있다(Pearce & Conger,

6. 다양한 형태의 공유리더십(Shared Leadership)을 통한 보건의료기관의 레질리언스 구축

2003). 공유리더십 이론은 새로운 이론은 아니지만(Gibb, 1954), 최근에야 응급 의료 분야에 적용되기 시작했다(Klein, Ziegert, & Xiao, 2006).

공유리더십 모델 연구의 기원에서(Benne and Sheats, 1948), 리더십은 개인이 아니라 오히려 기능과 관련이 있으며, 여러 개인이 이러한 기능과 관련하여 차별화된 역할을 맡을 수 있다고 제안했다. 그러나 공유리더십 모델이 응급의료 분야에 적용되기까지는 다소 시간이 걸렸다(Flin, O'Connor, & Crichton, 2008). 위계에 따른 공식적인 리더십 순위가 아닌 숙련도에 따른 비일상적인 상황으로 인해 유도되는, 업무 부하가 높은 상황에서의 리더십 분산은 고신뢰 조직(HRO)에서 가져온 '전문성에 대한 존중' 개념과 매우 유사하며, 전문성이 가장 높은 사람에게 의사결정이 할당되고 공식적 위계와는 별개이다.(Künzle et al., 2010). 그러나 공유 리더십과 팀 수행력 간의 관계는 간단하게 해석할 수 없다. 공유리더십의 유형에 따라 수행력의 연관성이 다르게 나타난다. 팀이 분산적-협조형 리더십 구조를 가질 때 팀 수행력이 증가한다는 사실을 입증하는 연구도 있다(Mehra, Smith, Dixon and Robertson, 2006). 분산적-협조형 리더십 구조는 공식 리더가 있는 팀뿐만 아니라 비공식적으로 출현하는 리더가 있는 팀을 대표하는 공유리더십의 한 형태이다.

제Ⅲ부 경계의 이론화

몇 가지 사례

일반적으로, 공유리더십 접근방식의 두 가지 주요 구성요소는 공식, 비공식 리더십 간의 조화이다. 비공식 리더십의 네트워크는 강력한 힘이 될 수 있으며(Schoenberg, 2004), 조직적 행동과 팀 수행력에 중요한 요소로 인식되어 왔다(Sink, 1998). 소규모 그룹이나 팀 내 공식, 비공식 리더의 상호작용을 비교한 정보는 거의 없다. 대부분의 연구는 공식 리더나 리더십의 '위치'에 있는 사람들을 대상으로 수행된다(Pielstick, 2000). 스트레스가 적은 임상 상황에서 공유리더십의 중요성은 연구 증거에 의해 뒷받침되지만(Klein et al., 2006), CAS 및 역동적인 임상 환경에서의 역할은 여전히 불분명하다는 점에 주목할 필요가 있다.

반면, 전통적 공유리더십 역할의 주요 특징으로는 의사결정의 책임, 영향력 및 권한 등이 있다. 그러나, 이러한 리더십 형태는 종종 통제기반 시스템으로 발전하여 통합적 행동을 억제하거나 방해할 수 있는 규칙기반의 준수를 요구한다. 반면, 관계기반의 접근방식은 자율성, 자기 결정권 및 자기 효능감 장려와 같은 심리-사회학적 메커니즘을 통해 통합적 행동을 원활하게 하여 실천을 장려하는 역할 외적 행동으로 이어질 가능성이 더 높다. 관계기반 리더십 스타일에는 변혁적(transformational) 리더십, 리더-구성원 교환(leader-member exchange) 리더십 및 진정성(authentic) 리더십 같은 유형을 포함한다. 수많은 설명이 있지만, 이는 종종 어떤 형태로든 공유리더십을 필요로 하며, 이를 뒷받침한다. 따라서 공유리더십은 특정 행동

6. 다양한 형태의 공유리더십(Shared Leadership)을 통한 보건의료기관의 레질리언스 구축

이 실패하더라도 보복이 없을 것이라는 인식하에 리더들이 실제로 업무를 수행하는 사람들에게 과제를 분산시킴으로써 일부 문제를 처리하는 책임을 크게 줄여야 한다. 이러한 책임 이양은 공식적인 직함이 없더라도 영향력과 자신의 업무에 대해 개인적인 주인의식이 있는 비공식적 권한을 갖는다. 따라서 공유리더십은, 새로운 것이나 예상치 못한 결과가 발생했을 때를 포함하여 다양한 상황에서 지속적인 지원을 수행해야 하는 유동적인 과정이다.

예를 들어, 대지진 이후 뉴질랜드 크라이스트처치 병원 중환자실(ICU)에서 리더십 행동을 조사한 최근 연구에 따르면, 의사결정을 하는데 있어 효과적 의사소통과 침착함을 유지하는 능력이 위기를 성공적으로 관리하고 해결한 핵심적인 비공식 리더십 기술 및 행동으로 나타났다(Zhuravsky, 2015). 본 연구에서 비공식 리더는 공식적인 권한은 부여되지 않았지만, 소속 그룹 내 다른 구성원에게 상당한 영향력을 행사하는 개인으로 인식되었다. 이 연구는 비공식 리더의 네 가지 핵심 행동을 발견했다: 리더십에 대한 동기부여; 어느 정도의 자율성 행사; 감정적 성숙함; 위기 속에서도 기회가 존재한다는 인식 등이다.

이 연구에 따르면 위기 상황에서, ICU 구성원들은 두 가지 주요 요소로 구성된 공유리더십 접근방식을 채택했음을 보여주었다. 첫 번째는 의료 및 간호분야 보조그룹을 모두 포함하는 공식적인 리더십 그룹 내에서 리더십을 공유하는 것이다. 두 번째는 병원 전체의 공식 및 비공식 리더 간에 리더십을 분산하는 것이다. 결론은 사람들이 진정으로 효과적인 방식으로 협력하려면, 리더십 과제에서 문제해결과 의사결정의 현실에 충분히 참여하고, 부여된 권한 수준에 따라 행동할 수 있는 권한을 부여받아야 한다. 본 연구에 참여한 대부분의 참가자들은 리더십 과제를 분산하는 것이 조직 전반에 걸쳐 조화롭게 대응할 수 있게 도움이 되었으며 의사결정 및 전반적인 위기관리를 위한 효과적인 틀을 제공했다고 답했다. 이는 업무 과부하를 줄이고 팀 성과를 향상시켰다(Zhuravsky, 2015).

다른 연구에서는 리더십이 효과적이기 위해서는 '영웅적'이거나 강력한 개인이 행사해야 한다는 기존 가정에 이의를 제기했다(Künzle et al., 2010). 따라서 공유리더십은 다른 복잡한 환경에서 팀의 성과를 향상시킬 수 있는 대안으로 지지를 받고 있다(St. Pierre, Hofinger, Buerschaper, & Simon, 2011). 이 주장에서, 다양한 단계와 조직 계층 간의 관계와 신뢰 구축을 기반으로 하는 공유리더십은, 조직의 레질리언스를 활성화하여 변화하는 상황에 신속하게 대응하고 이러한 경험을 통해 수행력을 개선할 수 있는 조직을 만들 가능성이 더 높다(Stephenson, 2010).

기존의 조직 리더십 모델은 보다 정확하게는 관리적(supervisory) 리더십 모델로 설명할 수 있다(Bass, 1985). 이 모델은 여러 면에서 차이가 있지만, 한 명의 공식 리더가 직원을 관리하는 패턴을 연구하는 것을 전제로 이 리더십을 탐구할 수 있다(Pearce & Conger, 2003). 관리적 리더십과는 달리 팀 내 공유리더십은 공식적인 위계질서에 기반할 수 없으며 다양한 업무를 하는 팀 환경에서 더 잘 작동할 것이라고 제안한다(Seers, Keller and Wilkerson, 2003). 교차기능(cross functional) 팀이 다른 조직 형태와 구별되는 점은 공식적인 위계의 권한이 상대적으로 적다는 것이다. 이러한 교차기능 팀에 공식적으로 임명된 리더는 있을 수 있지만, 일반적으로 동료로 취급한다. 이 팀의 목적은 다양한 기능별 전문 지식과 경험을 모으는 것이다. 따라서 교차기능 팀이 강력하고 견고한 공유리더십 모델을 운영할 수 있는 장점이 있다고 말한다(Pearce and Conger, 2003).

공유리더십은 단순히 새로운 실무적 방식이 아니라 함께 일하는 과정으로 정의된다고 지적하기도 한다(Mielonen, 2011). 이 과정에는 권력, 권한, 지식 및 책임의 분산이 필요하다. 사람들이 진정 함께 일하려면 리더십 업무에서 문제해결 및 의사결정에 충분히 참여하고 어느 정도의 자율권을 갖고 행동할 수 있는 권한을 부여받아야 한다. 이러한 속성은 조직 내외의 경계를 넘어 강력한 통합적 성과에 이바지해야 한다.

결론

공유리더십 접근방식은 다양한 상황에서 개별적 리더십보다 더 나은 결과를 가져오는 것으로 나타났으며, 특히 복잡한 상황에서 효과적인 것으로 간주된다(Knox, 2013). 공유리더십의 한 형태인 집합적(collective) 리더십은, 다양한 사람들이 자신의 업무, 직무의 영역뿐만 아니라 조직 전체의 성공을 위해 책임을 진다는 것을 의미한다. 이는 조직 환경에서 개인의 역량을 개발하는 데 중점을 두었던 기존의 통제기반 접근방식 리더십과는 대조적이다(West, Eckert,

Steward, & Passmore, 2014).

여러 사례를 통해 입증된 바와 같이, 공유리더십을 주제로 한 변형을 통해 복잡한 임상 환경에서 보건의료를 통합적으로 지원할 수 있는 상당한 잠재력이 있음을 보여주었다. 이러한 맥락에서 리더십 모델은 보건의료 환경에서 발견되는 다양한 조직의 경계를 넘어 전문적, 구조적, 문화적 격차를 극복하는 역량을 강화할 수 있다.

참고문헌

Bass, B. (1985). Leadership and Performance Beyond Expectations. New York, NY: Free Press.

Benne, K. & Sheats, P. (1948). Functional Roles of Group Members. Journal of Social Issues, 4(2), 41-49.

Bernard, B. (2004). Resiliency: What We Have Learned. San Francisco, CA: WestEd.

Braithwaite, J. (2010). Cultural and Other Associated Enablers, and Barriers, to Adverse Incident Reporting. Quality and Safety in Health Care, 19, 229-233.

Braithwaite, J., Churruca, K., Ellis, L. A., Long, J., Clay-Williams, R., Damen, N., … Ludlow, K. (2017). Complexity Science in Healthcare – Aspirations, Approaches, Applications and Accomplishments: A White Paper. Sydney, Australia: Australian Institute of Health Innovation, Macquarie University.

6. 다양한 형태의 공유리더십(Shared Leadership)을 통한 보건의료기관의 레질리언스 구축

Braithwaite, J., Clay-Williams, R., Nugus, P., & Plumb, J. (2013). Health Care as a Complex Adaptive System. In E. Hollnagel, J. Braithwaite, & R. Wears, (Eds.), Resilient Health Care (pp. 57-73). Farnham, UK: Ashgate Publishing.

Braithwaite, J., Wears, R. L., & Hollnagel, E. (Eds.). (2017). Resilient Health Care Volume 3: Reconciling Work-as-Imagined and Work-as-Done. Abingdon, UK: Taylor & Francis Group.

Braithwaite, J., Westbrook, M., Nugus, P., Greenfield, D., Travaglia, J., Runciman, W., ⋯ Westbrook, J. (2013). Continuing Differences Between Health Professions' Attitudes: The Saga of Accomplishing Systems-Wide Professionalism. International Journal for Quality in Health Care, 25(1), 8-15.

Carson, J., Tesluk, P., & Marrone, J. (2007). Shared Leadership in Teams: An Investigation of Antecedent Conditions and Performance. Academy of Management Journal, 50(5), 1217-1234.

Conger, J. & Pearce, C. (2003). Shared Leadership. Thousand Oakes, CA: Sage Publications.

Cook, R. & Nemeth, C. (2006). Taking Things in One's Stride: Cognitive Features of Two Resilient Performances. In E. Hollnagel, D. D. Woods, & N. Leveson, (Eds.), Resilience Engineering: Concepts and Precepts (pp. 205-220). Aldershot, UK: Ashgate Publishing.

Denis, J. L., Langley, A., & Sergi, V. (2012). Leadership in the Plural. Academy of Management Annals, 6(1), 211-283.

Fletcher, D. & Sarkar, M. (2013). Psychological Resilience: A Review and Critique of Definitions, Concepts and Theory. European Psychologist, 18(1), 12–23.

Flin, R., O'Connor, P., & Crichton, M. (2008). Safety at the Sharp End. A Guide to Non-Technical Skills. Aldershot, UK: Ashgate Publishing.

Gibb, C. (1954). Leadership. In G. Lindzey, (Ed.), Handbook of Social Psychology (pp. 877–920). Reading, MA: Addison Wesley.

Gittell, J. (2015). How Interdependent Parties Build Relational Coordination to Achieve Their Desired Outcomes. Negotiation Journal, 10, 387–391.

Gittell, J. H. & Douglass, A. (2012). Relational Bureaucracy: Structuring Reciprocal Relationships into Roles. Academy of Management Review, 37(4), 709–733.

Greenfield, D., Braithwaite, J., Pawsey, M., Johnson, B., & Robinson, M. (2009). Distributed Leadership to Mobilise Capacity for Accreditation Research. Journal of Health Organization and Management, 23(2), 255–267.

Hogg, M. A., Knippenberg, D. V., & Rast, D. E. (2012). Intergroup Leadership in Organizations: Leading Across Group and Organizational Boundaries. Academy of Management Review, 37(2), 232–255.

Holling, C. S. (1973). Resilience and Stability of Ecological Systems. Annual Review of Ecology and Systematics, 4(1), 1–23.

6. 다양한 형태의 공유리더십(Shared Leadership)을 통한 보건의료기관의 레질리언스 구축

Hollnagel, E. (2014). Safety-I and Safety-II: The Past and Future of Safety Management. Farnham, UK: Ashgate Publishing.

Hollnagel, E., Braithwaite, J., & Wears, R. L. (Eds.). (2013). Resilient Health Care. Farnham, UK: Ashgate Publishing.

Hollnagel, E., Wears, R. L., & Braithwaite, J. (2015). From Safety-I to Safety-II: A White Paper. The Resilient Health Care Net: Published simultaneously by the University of Southern Denmark. University of Florida, USA, and Macquarie University, Australia.

Hollnagel, E., Woods, D. D., & Leveson, N. (Eds.). (2006). Resilience Engineering: Concepts and Precepts. Aldershot, UK: Ashgate Publishing.

Klein, J., Ziegert, J., & Xiao, Y. (2006). Dynamic Delegation: Shared, Hierarchial and Deindividualized Leadership in Extreme Action Teams. Administrative Science Quarterly, 51, 590-621.

Knox Clarke, P. (2013). Who's in Charge Here? A Literature Review of Approaches to Leadership in Humanitarian Operations. London, UK: ALNAP.

Künzle, B., Zala-Mezö, E., Wacker, J., Kolbe, M., Spahn, D. R., & Grote, G. (2010). Leadership in Anaesthesia Teams: The Most Effective Leadership is Shared. Quality and Safety in Health Care, 19(6), 1-6.

Lazarus, R. S. (1993). From Psychological Stress to Emotions. A History of Changing Outlooks. Annual Review of Psychology,

44, 1-21.

Lee, A.V., Vargo, J., & Seville, E. (2013). Developing a Tool to Measure and Compare Organizations' Resilience. Natural Hazards Review, 14(1), 29-41.

Lofquist, E. A. (2016). Resilient Leadership: Exploring the Most Appropriate Leadership Style for Resilient Organizations with in the Health Care Sector. Resilient Health Care Net Annual Meeting Proceedings. Middelfart, Denmark.

Lofquist, E. A. (2018). Improving Patient Safety Through Leadership Styles that Promote Resilient Behaviors. Academy of Management Annual Meeting Working Paper.

Lofquist, E. A., Dyson, P. K., & Trønnes, S. N. (2017). Mind the Gap: A Qualitative Approach to Assessing Why Different Sub-Cultures Within High-Risk Industries Interpret Safety Rule Gaps in Different Ways. Safety Science, 92I, 241-256.

Lofquist, E. A., Isaksen, S. G., & Dahl, T. J. (2017). Exploring Change, Job Engagement and Work Environment in the Norwegian Directorate of Fisheries. Academy of Management Annual Meeting Proceedings, 2017(1), 12841.

Luthar, S. S. & Cicchetti, D. (2000). The Construct of Resilience: Implications for Interventions and Social Policies. Development and Psychopathology, 12, 857-885.

Macey, W. H. & Schneider, B. (2008). The Meaning of Employee Engagement. Industrial and Organizational Psychology, 1(1), 3-30.

Mehra, A., Smith, B., Dixon, A., & Robertson, B. (2006). Distributed Leadership in Teams. The Network of Leadership Perceptions and Team Performance. The Leadership Quarterly, 17(3), 232-245.

Mielonen, J. (2011). Making Sense of Shared Leadership. A Case Study of Leadership Processes Without Formal Leadership Structure in Team Context (Doctoral Dissertation). Acta Universitatis Lappeenrantaensis, 451.

Morel, G., Amalberti, R., & Chauvin, C. (2008). Articulating the Differences Between Safety and Resilience: The Decision-Making Process of Professional Sea-Fishing Skippers. Human Factors, 50, 1-16.

Nemeth, C., Nunnally, M., O'Connor, P., Klock, P., & Cook, R. (2005). Getting to the Point: Developing IT for the Sharp End of Healthcare. Journal of Biomedical Informatics, 38, 18-25.

Northouse, P. (2001). Leadership: Theory and Practice. Thousand Oaks, CA: Sage Publications.

Nugus, P. & Braithwaite, J. (2010). The Dynamic Interaction of Quality and Efficiency in the Emergency Department: Squaring the Circle? Social Science & Medicine, 70(4), 511-517.

Pearce, C. & Conger, J. (2003). Shared leadership: Reframing Hows and Whys of Leadership. Thousand Oaks, CA: Sage Publications.

Pielstick, C. (2000). Formal vs. Informal Leading. A Comparative Analysis. Journal of Leadership and Organizational Studies,

7(3), 99–114.

Plumb, J., Travaglia, J., Nugus, P., & Braithwaite, J. (2011). Professional Conceptualisation and Accomplishment of Patient Safety in Mental Health Care: An Ethnographic Approach. BMC Health Services Research, 11(1), 100.

Schoenberg, A. (2004). What It Means to Lead During the Crisis: An Explanatory Examination of Crisis Leadership. New York, NY: Syracuse University Press.

Seers, A., Keller, T., & Wilkerson, J. (2003). Can Team Members Share Leadership? Foundations in Research and Theory. In C. Pearce & J. Conger (Eds.), Shared Leadership: Reframing the Hows and Whys of Leadership (pp. 77–102). Thousand Oakes, CA: Sage Publications.

Sink, D. (1998). Who Will Lead the Transformation. Training, 35(1), 5–10.

St. Pierre, M., Hofinger, G., Buerschaper, C., & Simon, R. (2011). Crisis Management in Acute Care Settings: Human Factors, Team Psychology, and Patients Safety in a High Stakes Environment. London, UK: Springer.

Stephenson, A. (2010). Benchmarking the Resilience of Organisations (Doctoral Dissertation). University of Canterbury.

Suddaby, R. (2010). Challenges for Institutional Theory. Journal of Management Inquiry, 19, 14–20.

Walker, B., Holling, C. S., Carpenter, S. R., & Kinzig, A. (2004). Resilience, Adaptability and Transformability in Social-Ecological

Systems. Ecology and Society, 9(2), 5.

Wears, R. L., Hollnagel, E., & Braithwaite, J. (Eds.). (2015). Resilient Health Care, Volume 2: The Resilience of Everyday Clinical Work. Farnham, UK: Ashgate Publishing.

Weick, K. & Sutcliffe, K. (2001). Managing the Unexpected. San Francisco, CA: Jossey-Bass.

West, M., Eckert, R., Steward, K., & Passmore, B. (2014). Developing Collective Leadership for Healthcare. London, UK: The King's Fund.

Woods, D. D. (2015, October). How Complexity Overwhelms Rules: Building Graceful Extensibility to Manage Surprises. Eurocontrol Human Factors and System Safety Seminar: Understanding Normal Work. Barcelona, Spain: Eurocontrol.

Yukl, G. (2006). Leadership in Organizations. Upper Saddle River, NJ: Pearson Prentice-Hall.

Zhuravsky, L. (2015). Crisis Leadership in an Acute Clinical Setting: Christchurch Hospital, New Zealand ICU Experience Following the February 2011 Earthquake. Prehospital and Disaster Medicine, 30(2), 131-136.

제III부 경계의 이론화

7 | 시뮬레이션: 경계를 감지하고 극복하는 도구

Mary D. Patterson
University of Florida
Akron Children's Hospital, Simulation Center for Safety and Reliability

Peter Dieckmann
Copenhagen Academy for Medical Education and Simulation (CAMES)

Ellen S. Deutsch
Pennsylvania Patient Safety Authority
The Children's Hospital of Philadelphia

【목차】

소개	113
현장 시뮬레이션	114
경계를 허물기 위한 디브리핑	120
일상 업무에서 시뮬레이션 가치	122
결론	125
참고문헌	126

7. 시뮬레이션: 경계를 감지하고 극복하는 도구

소개

'실제일(WAD)'과 '가상일(WAI)'이라는 개념의 등장은 이상적이거나 예상한 업무를 수용할 때와 실제 업무를 실행할 때의 경계가 있음을 보여준다. 환자 치료상황에 따라 이 두 개념 간의 중복, 또는 사람들이 WAD와 WAI를 생각하는 방식이 중복되는 부분이 상당할 수도 있고 미미할 수도 있다. 이러한 경계가 있다는 점을 이해하는 것은 가치가 있으며 경계를 인식하고 업무를 수행할 수 있는 다양한 방식을 이해하는 것은 더 큰 가치가 있다. WAI를 실행하는 관리자와 운영자는 종종 교육, 역할 및 위치에 따라 WAD를 실행하는 현장의 임상의와 분리되어 있는 경우가 많다. 따라서 그룹 간 경계를 넘나드는 일종의 과정, 두 그룹의 언어를 구사하는 '통역자' 또는 각 그룹에 존재하는 제약과 압박을 참가자들이 이해하도록 도울 수 있는 조력자가 필요하다.

시뮬레이션의 특성과 그 필수 요소는 의료 전문가가 자신의 개인 업무, 팀의 업무 및 시스템의 업무를 반영하는 기회를 제공한다. 설계된 업무, 모의 업무, 실제 업무 간의 유사점과 차이점 모두 이러한 반영을 촉발한다. 유사점이 있는 경우, 참가자는, 시뮬레이션에서 명시적으로 논의함으로써 임상 실무에서 실제 업무 구성을 인식할 수 있다. 차이점이 있는 경우, 업무가 어떻게 수행되었는지에 대한 인식과 이해는 임상 환경에서 업무를 구성하는 방식에 대한 근거를 밝힐 수 있다. 이러한 접근방식은 전통과 안전의 경계를 노출하고 개방하여 업무를 구성하는 새로운 방식을 실험할 수 있게 해준다.

시뮬레이션은 대부분의 현장 의료진이 참여하며, 시뮬레이션센터나 현장(임상 환경)에서 실시할 수 있다(Lockman, Ambardekar & Deutsch, 2015). 그러나 잠재적 참가자는 경영진부터 관련 의료진 및 지원 인력에 이르기까지 다양하며, 시뮬레이션은 전문적인 경계를 극복하는 데 도움이 될 수 있다. 시뮬레이션의 핵심 요소인 결과에 대한 디브리핑(Debriefing) 시간은 성찰을 위해 내재 된 시간이며, 비판적 사고와 보건의료 프로세스에 대한 반영을 용이하게 한다(Kihlgren, Spanager, & Dieckmann, 2015). 중요한 것은 디브리핑 시간을 통해 다양한 유형의 전문가(예: 의사와 간호사) 또는 임상부서와 전문 분야(예: 수술실과 중환자실, 또는 응급실과 입원환자 병동) 사이에 존재하는 경계를 조명할 수 있다는 것이다. 디브리핑에서 이러한 경계가 눈에 띄면 이를 해결, 관리, 최소화, 최적화하거나 때로는 시스템에서 제거할 수도 있다. 이 챕터에서는 시뮬레이션이 경계를 명확히 밝히고 경계를 극복하는 세 가지 방법을 살펴볼 것이다. 구체적으로, 우리는 경계를 이해하고 극복하려는 수단으로서 현장 시뮬레이션, 디브리핑 및 일상 업무 시뮬레이션에 대해 논의할 것이다.

현장 시뮬레이션

현장 시뮬레이션은 실제일(WAD)은 아니지만, 실제일에 가능한 한 가깝게 구성된다. 현장 시뮬레이션에는 실제 환자 치료환경에서 실

7. 시뮬레이션: 경계를 감지하고 극복하는 도구

제 자원을 사용하는 실제 팀을 포함한다. 시나리오는 드물게는 상상할 수 없는 상황을 반영하는 경우도 있지만, 일반적인 임상 업무를 반영하는 경우가 많다. 참가자는 자원(예: 장비, 소모품, 전자 기록)에 대한 존재의 유무 또는 접근 용이성, 물리적인 환경의 장점 또는 경계, 팀원의 지식과 기술력의 역량 및 제약사항, 기타 사회-기술적 조건의 측면을 다루게 된다. 예를 들어, 시뮬레이션에서 부정맥이 발생하여 곧 심장마비로 '악화'되는 기술이 향상된 마네킹을 사용할 수 있다. 마네킹은 실시간으로 변화하는 신체적 징후와 생체신호가 나타난다. 임상팀은 마네킹 상태에 대응하고 소생시켜야 하며, 마네킹은 팀의 개입에 따라 다양한 생리적 반응을 보일 것이다. 참가자들은 실제 임상 치료환경에서 가용할 수 있거나, 가용할 수 없는 스태프, 장비, 임상 규약 및 기타 자원을 관리해야 한다.

시나리오의 '줄기' 또는 시작은 제어될 수 있지만, 환자 상태 또는 시스템의 일종의 변화에 대한 의료진의 대응은 즉흥적이거나 미개척된 실제일(WAD)의 측면을 유지한다. 우리는 이전에 현장 시뮬레이션을 통해 모든 의료 시스템에서 실제일의 일부인 지름길과 차선책을 식별할 수 있는 방법에 대해 논의했다(Deutsch, Fairbanks, & Patterson, 2019). 또한, 시뮬레이션은 다양한 보건의료 직업이나 전문 분야 사이에 존재하는 전문가와 규율기반의 경계를 밝히는 데 도움이 된다. 시뮬레이션에서 이러한 경계는 의료 종사자 간의 부적절한 의사소통, 공통 언어의 부재, 권한 격차의 존재 등의 예에서 볼 수 있다. 시뮬레이션은 시스템 수준에서 통찰력도 제공하며, 경계의 조건과 이러한 조건이 의도하거나 의도하지 않은 변화의 결과로 인해 시스템에서 어떻게 달라질 수 있는지 파악하는 데도 사용된다.

보건의료 시스템(예: 병동 또는 중환자실과 같은 단위기반 시스템)을 평가할 때 실행력의 경계가 불분명한 경우가 많다. 경계는 스태프 수 조사와 배치, 정확성 및 기타 여러 요인에 따라 유동적일 수 있다. 현장 스태프들은 경계에 다다랐거나 이를 넘어선 순간을 직관적으로 인식할 수 있지만, 실행력에 대한 경계의 조건을 정의하기는 어려울 수 있다(Nemeth, Wears, Woods, Hollnagel, & Cook, 2008). 더 중요한 것은 '시스템이 실행력을 확장하거나 예상치 못한 상황이 경계에 도전할 때 추가 적응능력을 제공하는 방법'인 '확장성'에 기여하는 요소를 정의하거나 지원하는 방법이 명확하지 않을 수 있다(Woods, 2015).

현장 시뮬레이션을 통해 실제 임상 치료와 거의 유사한 조건에서 시스템을 테스트할 수 있으며, 다양한 조건에서 시스템 거동(system behaviour)을 탐구하기 위해 체계적으로 다양하게 변경할 수 있다. 현장 시뮬레이션은 WAD를 탐구하는 데 사용할 수 있는 도구 중 하나이지만, 유사한 목적으로 자주 사용되는 FRAM(Functional Resonance Analysis Method, Hollnagel, 2018)과 결합할 수도 있다. FRAM은 다음과 같이 설명할 수 있다.

> 업무 활동이 어떻게 진행되는지 사후(retrospectively) 또는 사전(prospectively)에 분석하는 방법이다. 이는 업무가 이루어지는 방식에 대한 모델 또는 표현을 생성하기 위해 업무 활동을 분석함으로써

7. 시뮬레이션: 경계를 감지하고 극복하는 도구

수행된다. 그리고 이 모형은 문제가 발생한 원인을 파악하고, 가능한 병목현상이나 위험요소를 찾고, 제안된 해결책이나 개입의 타당성을 확인하거나, 또는 단순히 행동(또는 서비스)이 어떻게 진행되는지 파악하는 등 특정 유형의 분석에 사용할 수 있다.

(Hollnagel, 2018)

    FRAM과 현장 시뮬레이션을 결합하면 입력, 출력, 자원, 전제조건, 제어 및 시간이라는 FRAM의 6가지 측면에 따라 체계적인 변화를 고려할 수 있다. 숙련된 조력자와 함께 신중하게 시뮬레이션을 수행하면 임상팀이 적응적 반응을 강화(또는 저해)하는 시스템 요소와 팀 구성원의 특성을 이해할 수 있는 기회가 생긴다. FRAM은 시뮬레이션 중에 발생하거나 표면화되는 관계를 탐색하는 데 도움이 되는 모델을 제공한다. 이러한 측면은 다양하게 관련된 시나리오를 설계하고 디브리핑을 수행하는 데 도움이 될 수 있다.

    보건의료를 제공하는데 돌발상황은 불가피하며, 핑켈은, 돌발상황을 복구하는 능력은 예상치 못한 상황에 대처하기 위해 어떤 역량을 갖추고 있는지에 달려 있다고 주장한다(Finkel, 2011). 군대에서는 생물학적 다양성에 대응하는 다양한 무기(도구)를 언급한다. 마찬가지로, 기존 또는 지배적 관점에 도전하는 아이디어에 대한 관용과 논의도 옹호한다(Finkel, 2011). 시뮬레이션은 비표준 반응을 포함한 다양한 반응을 '테스트'할 수 있는 안전한 환경을 제공한다. 위험도가 낮은 환경에서 환자에게 직접적인 위험 없이 테스트를 수행할 수 있다. 이러한 유형의 시스템 '스트레스 테스트'는 비표준 대응에 대한 문화적 장벽을 낮추고, 예상치 못한 상황에 유연하고 적응력 있는 대응을 장려할 수 있는 잠재력을 갖고 있다. 이 접근방식의 핵심 요소는 탐구적인 '아이디어 테스트' 단계와 실제 업무를 명확하게 구분하는 것이다.

특히 의료정보 기술과 관련된 새로운 프로세스와 기술은 시스템의 적응역량에 미치는 잠재적인 효과를 충분히 이해하지 못한 채 보건의료 제공에 도입되는 경우가 많다. 부정적 상황이나 바람직하지 않은 결과에 대응하여 강화된 규약과 프로세스를 점진적으로 시행할 수 있다. 그 결과 시스템이 점점 더 취약해지고 적응역량이 감소할 수 있다. 일선의 스태프들은 시스템 역량 변화를 직관적으로 이해할 수 있지만, 관리자와 경영진은 이를 잘 느끼지 못할 수 있다. 웨스트럼(Westrum)이 처음 설명한 중심성 오류(fallacy of centrality)는, 모든 관련 정보가 관리자를 통해 전달되기 때문에 문제가 발생하면 관리자가 알 수 있다는 믿음을 설명한다(Weick & Sutcliffe, 2007). 그러나 의료진이 프로세스에 문제가 있음을 보고하지 않거나, 심지어 인식조차 하지 못하는 데에는 여러 가지 이유가 있을 수 있다. 관리자는 자신의 수준으로 정보의 중요성을 인식하지 못하거나 이해하지 못할 수도 있다. 전문 시뮬레이션 조력자를 보건의료 기관의 안전과 품질 인프라 및 임상의와 통합하면, 조력자가 정보 격차를 해소하는 데 도움을 줄 수 있다.

다른 상황에 대하여 '수정'으로부터 발생하는 문제에 대한 책임을 묻지 않는 무책임 사후 처리에 대한 설명도 있다(Allspaw, 2012). 현장 시뮬레이션은 시스템의 사소한 수정으로 인해 발생하는 위험

7. 시뮬레이션: 경계를 감지하고 극복하는 도구

과 적응역량의 손실을 명시적으로 설명함으로써 관리 및 임상적 관점 사이의 장벽을 허물 수 있는 잠재력을 갖고 있다. 관리자는 물론 일선 스테프에게 보이지 않았던 스트레스와 경계가 시뮬레이션을 통해 드러날 수 있다. 본질적으로, 시뮬레이션은 흠잡을 데 없는 사전 점검, 즉 선행학습의 기회를 만들어 준다.

훈련과 시뮬레이션은 특히 예상치 못한 상황에 직면했을 때 대응책을 향상시킬 수 있는 잠재력을 가지고 있지만(Clay-Williams & Braithwaite, 2015), 최적의 대응을 위해 장해물을 제거하는 것에 비해 더 큰 기여는 상대방, 규율, 팀 또는 시스템에 대한 이해를 높이는 데서 일어난다. 최근 일련의 시뮬레이션에서 간호사, 의사, 호흡기 치료사로 구성된 다학제 팀은 호흡곤란과 청색증으로 기관절개술을 받는 시뮬레이션 유아를 응급처치하도록 요청받았다. 이 특정 시설의 간호사와 호흡기 치료사는 기관절개 응급상황에 있어 전문가이다. 그러나 간호사들은 의사 지시 없이 기관절개 튜브의 교체를 종종 주저하는 것으로 관찰되었다. 반면, 이 응급상황에 대응한 담당 의사들은 기관절개술 관리에 대한 지식이 거의 없었다. 디브리핑 토론에서, 의사들은 이 상황에 무엇이 필요한지 모르기 때문에 (이러한 기술을 갖춘) 간호사가 의사의 명령을 기다리지 말고 기관절개 튜브를 교체해야 한다고 말했다. 간호사들은 일부 의사들이 이러한 기술을 갖추지 못했다는 사실에 놀라움을 표했다. 이 토론에서 기관절개술 관리뿐만 아니라 임시 팀이 다양한 분야 간의 경계를 신속히 제거하고 특정 팀원의 전문성과 기술을 이해하는 방법에 초점을 맞추었다.

제Ⅲ부 경계의 이론화

경계를 허물기 위한 디브리핑

시뮬레이션은 학문, 단체, 전문 분야 간의 경계를 극복할 수 있는 공간을 제공한다. 이러한 대부분의 전개는 시뮬레이션 중 학습의 필수 요소인 디브리핑 중에 이루어진다. 디브리핑의 필수 요소는 다음과 같다(Tannenbaum & Cerasoli, 2013); (i) 적극적인 자기 발견에 대한 참여; (ii) 징벌적이지 않은 개선이나 학습에 대한 명확하고 주요한 의도; (iii) 특정 상황이나 수행 에피소드에 대한 성찰. 참가자들은 시뮬레이션 시나리오를 진행하는 동안 진지한 경험을 하게 되며, 이러한 경험을 공유함으로써 평소에는 이러한 문제를 논의하지 않는 사람들 간의 접점이 생길 수 있다. 심리적 안전을 강조하고 시뮬레이션 직후 소그룹 환경에서 디브리핑을 실시하는 것이 이 과정의 효율성에 기여하게 된다.

  이러한 필수 요소에 전문 조력자의 필요성을 추가하는 것이 좋다. 시뮬레이션 경험의 목표에 따라 조력자는 임상 전문가(예: 간호사 및 의사)뿐만 아니라 디브리핑 절차에 대한 특정 전문 지식을 갖춘 조력자도 될 수 있으며 종종 동일인이 두 능력을 모두 발휘하는 경우도 있다. 기관절개 장애가 있는 시뮬레이션 환자의 예에서 조력자는 발견한 경계를 인식, 노출 및 탐색해야 한다. 이러한 방식으로 조력자는 다양한 임상 팀원들을 위한 중개 또는 안내 역할을 한다. 조력자는 참가자들의 통찰력으로부터 이해할 수 있도록 지원하고, 참가자들은 자신뿐만 아니라 다른 사람의 가설과 능력에 대한 통찰력을 개발한다. 디브리핑 중에 이러한 경계를 명시적으로 설명하고

7. 시뮬레이션: 경계를 감지하고 극복하는 도구

 탐구하는 것은 임상 환경에서 임상의의 성과를 개선하려는 목표를 지원한다. 중개자로서의 조력자는 그룹 간의 경계를 명확히 하고 의료진이 시스템의 수행력 경계를 이해하도록 돕는 데 매우 중요한 역할을 한다.

 디브리핑 중 강조하는 영역은 사전에 설정된 목표와 시뮬레이션 중 명백하게 드러난 학습 요구사항을 조합하여 결정한다. 종종 개선할 수 있는 사회-기술적 의료전달 시스템의 구성 요소가 우연히 발견되기도 하며, 참가자와 조력자 모두로부터 통찰력을 얻을 수 있다. 때로는, 새로운 환자 진료영역을 개설하기 전에 시뮬레이션을 실시하거나(Deutsch et al., 2016; Geis, Pio, Pendergrass, Moyer, & Patterson, 2011), 보건의료의 프로세스 측면에서 문제가 있는 것으로 알려진 경우와 같이, 의도적으로 사회-기술적 의료 시스템에 대한 관찰을 시도하는 경우도 있다. 시스템 절차에 대한 이해를 의도적으로 강조하는 것은 개인의 수행력에 대한 관심을 다른 곳으로 돌리는 메커니즘으로 사용될 수 있다. 시뮬레이션의 관점과 관계없이 개별 학습은 불가피하다.

 시뮬레이션 디브리핑 동안 조성된 존중의 분위기는 장벽을 허무는데 효과적인 교훈을 제공한다. 서로 다른 분야에서 '상대방'의 전문성을 이해하기 시작하면, 잠재적 적응성, 팀원의 역량, 시스템에 내장된 통합성 및 리스크에 대한 지식이 증가한다. 예를 들어, 응급실 소아 외상 시뮬레이션 디브리핑 동안, 간호사나 의사가 조금만 움직였다면 방사선사가 플레이트를 더 쉽게 삽입할 수 있었을 것이라고 말했다. 이 기사는 다른 상황에서는 이러한 요청을 할 기회가 없거나 권한이 없다고 느꼈을 수 있지만, 의료진은 쉽게 개선할 수 있는 문제였다. 유사한 시뮬레이션에서, 의사는 환자의 체중을 기준으로 약물을 밀리그램 단위로 처방하는 반면 간호사가 밀리리터 단위로 정했다는 것이 분명해졌다; 디브리핑이 진행되는 동안, 참가자들은 설명 프로세스가 필요하다는 것을 인식했다.

이러한 유형의 디브리핑 및 성찰이 일반적으로 일상 업무 중에는 발생하지 않지만, 가끔 관찰되기도 한다. 시뮬레이션과 디브리핑의 가치를 보여주는 한 가지 지표는 의료진이 디브리핑 프로세스를 일상적인 임상 진료에 통합하고, 학문 분야, 단위 및 전문 분야 간의 장벽을 허물고 일상 업무에서 적응역량을 구축하는 것이다.

일상 업무에서 시뮬레이션 가치

전통적으로 시뮬레이션의 가치는 거의 발생하지 않는 상황, 많은 변수 간의 상호의존성을 고려해야 하는 복잡한 상황, 전체 역학을 이해하지 못하는 복잡한 상황, 많은 편차나 실패가 허용되지 않는 민감한 상황, 시간적으로 중요하고 '올바른' 개입이 신속하게 이루어져야 하는 상황 등과 같은 특정 범위의 상황을 시뮬레이션할 때 발휘된다. 예를 들어, 이 논리를 기반으로 다양한 전문 분야에 대해 시뮬레이션할 일반적인 과제 모음이 있다(Gaba, Fish, Howard & Burden, 2015). 분명히, 이 접근방식은 환자, 의료진, 의료 시스템 또는 값비싼 자원을 직접 위험에 빠뜨리지 않고 중요한 작업을 수행

7. 시뮬레이션: 경계를 감지하고 극복하는 도구

하기 위해 시뮬레이션의 가능성을 잘 활용한다. 그럼에도 이 책의 편집자들과 다른 많은 사람들의 연구는 일상의 일과 그 변동성에 의식적으로 초점을 맞추어 이 접근법을 보완할 수 있는 가능성을 제시한다(Dieckmann et al., 2017; Hollnagel, 2014, 2017; Iedema, Mesman, & Carrol, 2013; Wears, Hollnagel, & Braithwaite, 2015).

일상적인 보건의료 제공에 주의를 기울여 현재의 시뮬레이션 실습을 보완한다면 몇 가지 가능성을 볼 수 있다. 대부분의 일은 일상적으로 이루어지기 때문에, 수행되는 방대한 작업은 해결할 수 있다. 명백하게 큰 성공이나 치명적 실패로 끝나는 상황은 드물기 때문에, 다음 위기가 발생할 때까지 기다린다면 학습한 내용을 적시에 적용할 기회를 놓칠 수 있다. 일상적인 일에 집중하면 학습자의 인지 부하도 줄어든다(Fraser et al., 2012). 인지 부하에는 다양한 유형이 있다: 내재적 부하(intrinsic load)는 논의된 문제의 고유한 난이도를 설명하고, 외재적 부하(extrinsic load)는 자료가 제시되는 방식을 설명하며, 본질적 부하(germane load)는 학습할 자료를 처리하는 데 사용되는 에너지를 설명한다. 일상적인 업무에서 관리 문제는 일반적이기 때문에 학습자에게 내재적 부하는 더 낮고, 정보 처리를 위해 유한한 인간의 역량을 덜 사용한다고 가정한다. 내재적 부하를 줄이면 참가자가 업무 절차, 팀워크, 의사 결정 등이 환자 치료, 자원 사용 및 임상 성공과 관련된 기타 매개변수에 어떤 영향을 미치는지 고려하는 능력이 향상될 수 있다.

또한, 극단적인 상황보다는 일상적인 연습을 시뮬레이션하고 논의하는 것이 심리적으로 더 안전할 수 있다(Edmondson, 1999; Dieckmann & Krage, 2013). 앞서 설명한 변화 외에도, 제안된 연습의 변화는 시뮬레이션 팀의 일상적인 연습과 그 변동성에 대한 이해를 향상시킬 것으로 기대할 수 있다. 일상적인 연습의 변동성 범위와 많은 '정상 수행의 통로'가 더욱 명확해질 것이다(Dieckmann et al., 2017; Hollnagel, 2014, 2017; Wears et al., 2015). 실제로 정상 수행의 경계를 더 명확하게 이해하는 것이 가능할 것이므로 정상적 업무수행의 경계가 위반되는 경우를 더 쉽게 이해할 수 있다. 협력 진료의 기초를 형성하는 공유 정신모델을 구축하여 사용할 때, 동료가 '같은' 업무를 조금 다르게 수행한다는 의식적 통찰은 엄청난 자산이 될 것이다(Lowe, Ireland, Ross, & Ker, 2016; Bogdanovic, Perry, Manser & Guggenheim, 2015; Burtscher et al., 2011; Kolbe, Burtscher, & Manser, 2013; Manser, Foster, Flin, & Patey, 2013). 이러한 통찰력은 논의의 초점에 따라 개인, 팀 또는 조직 수준에서 공식화될 수 있다.

레질리언스와 Safety-II에 사용된 분석 체계는 시뮬레이션 시나리오의 설계를 체계화하고, 디브리핑에서 논의를 안내하는 데 도움이 될 수 있다:

• 행동을 유발하는 요인은 무엇인가? 어떤 전제조건이 필요한가? 어떤 지침이 이용 가능한가(또 사용되었나)? 어떤 시간적 측면이 관련이 있나? 논의 중인 프로세스에 필요한 자원은 무엇인가? 프로세스 결과는 무엇인가? 결과는 시의적절한가? 결과에 대한

품질은 적절한가(Clay-Williams, Hounsgaard, & Hollnagel, 2015)?
- 이러한 잠재적 역량 중 위험에 처해 있거나, 잘 개발되었거나, 개선이 필요한 것은 무엇인가: 대응, 관찰, 학습 및/또는 예측 역량(Hollnagel, 2017)?
- 철저함과 효율성 간의 균형을 어떻게 유지하는가? 가능한 절충안(trade-off)은 무엇인가(Hollnagel, 2009)?
- 다양한 치료 단계에 대한 책임은 어떻게 알 수 있는가(Dekker, 2017)?

이러한 원리를 더 잘 이해하면, 적응적 전문성(adaptive expertise)을 구축할 수 있는 학습 기회를 촉발하는 방식으로 시뮬레이션 시나리오를 설계할 수 있다(Rasmussen et al., 2013). 이러한 심층적인 이해는 여러 단계의 학습 주기를 촉진하고 규칙이나 알고리즘보다는 목표에 초점을 맞춘 시뮬레이션 실습으로 이어질 수 있다. 특히 직무와 부서의 경계를 넘어 수행할 때, 시뮬레이션은 그룹 간 경계를 넘어, 여러 그룹의 언어를 사용하며, 의료 제공에 형성되는 제약과 압박을 이해하는 데 도움이 되는 프로세스와 중재자가 될 수 있다.

결론

이 챕터에서는 Safety-II 관점에서 시스템을 이해하고 개선하기 위해 경계를 조명하고 관리하는 시뮬레이션의 가치를 살펴보았다. 특히 현장 시뮬레이션은, 시스템 장벽과 경계를 가시화할 수 있다. 참가자들은 서로의 관점을 더 잘 이해할 수 있어, 상호 수용성을 높일 수도 있다. 시스템 수준에서 시뮬레이션 팀은 수행 조건을 체계적으로 변화시켜 적응을 위한 촉진 요인과 장벽을 이해할 수 있다. 학습은 개인에서 조직에 이르기까지 다양한 수준에서 일어날 수 있으며, 특히 다양한 피드백 루프가 필요하다고 생각하는 사람들에 의해 능숙하게 촉진할 때 더욱 효과적이다. 디브리핑은 시뮬레이션 실습에서 성찰을 가능하게 하고 깊은 이해의 가능성을 만들어낸다. 시뮬레이션의 초점은 적응 사례의 학습을 촉진하고 향상시키기 위해, 드물고 복잡한 상황을 넘어 일상적이며 단순한 업무까지 포함하도록 확장되어야 한다.

참고문헌

Allspaw, J. (2012, May 22). Blameless PostMortems and a Just Culture. Retrieved from https://codeascraft.com/2012/05/22/blameless-postmortems/. Accessed 17 November 2018.

Bogdanovic, J., Perry, J., Guggenheim, M., & Manser, T. (2015). Adaptive Coordination in Surgical Teams: An Interview Study. BMC Health Services Research, 15, 128.

7. 시뮬레이션: 경계를 감지하고 극복하는 도구

Burtscher, M. J., Manser, T., Kolbe, M., Grote, G., Grande, B., Spahn, D. R., & Wacker, J. (2011). Adaptation in Anaesthesia Team Coordination in Response to a Simulated Critical Event and its Relationship to Clinical Performance. British Journal of Anaesthesia, 106(6), 801–806.

Clay-Williams, R. & Braithwaite, J. (2015). Realigning Work-as-Imagined and Work-as-Done: Can Training Help? In E. Hollnagel, J. Braithwaite, & R. Wears (Eds.), Resilient Health Care, Volume 3, Reconciling Work-as-Imagined and Work-as-Done (pp. 153–162). Boca Raton, FL: CRC Press.

Clay-Williams, R., Hounsgaard, J., & Hollnagel, E. (2015). Where the Rubber Meets the Road: Using FRAM to Align Work-as-Imagined with Work-as-Done when Implementing Clinical Guidelines. Implementation Science, 10, 125.

Dekker, S. (2017). Just Culture: Restoring Trust and Accountability in your Organization, 3rd ed. Boca Raton, FL: CRC Press.

Deutsch, E. S., Dong, Y., Halamek, L . P., Rosen, M. A., Taekman, J. M., & Rice, J. (2016). Leveraging Health Care Simulation Technology for Human Factors Research: Closing the Gap Between Lab and Bedside. Human Factors, 58(7), 1082–1095.

Deutsch, E. S., Fairbanks, R., & Patterson, M. D. (2019). Simulation as a Tool to Study Systems and Enhance Resilience. In E. Hollnagel, R. L. Wears, & J. Braithwaite (Eds.), Delivering Resilient Health Care (pp. 56–65). New York, NY: Routledge.

Dieckmann, P. & Krage, R. (2013). Simulation and Psychology: Creating, Recognizing and Using Learning Opportunities.

Current Opinion in Anaesthesiology, 26(6), 714-720.

Dieckmann, P., Patterson, M. D., Lahlou, S., Mesman, J., Nystrom, P., & Krage, R. (2017). Variation and Adaptation: Learning from Success in Patient Safety-Oriented Simulation Training. Advances in Simulation, 31(2), 21.

Edmondson, A. (1999). Psychological Safety and Learning Behavior in Work Teams. Administrative Science Quarterly, 44(1), 350-383.

Finkel, M. (2011). On Flexibility: Recovery from Technological and Doctrinal Surprise on the Battlefield. Stanford, CA: Stanford University Press.

Fraser, K., Ma, I., Teteris, E., Baxter, H., Wright, B., & McLaughlin, K. (2012). Emotion, Cognitive Load and Learning Outcomes During Simulation Training. Medical Education, 46(11), 1055-1062.

Gaba, D. M., Fish, K., Howard, S. K., & Burden, A. (2015). Crisis Management in Anesthesiology, 2nd ed. Philadelphia, PA: Saunders.

Geis, G. L., Pio, B., Pendergrass, T. L., Moyer, M. R., & Patterson, M. D. (2011). Simulation to Assess the Safety of New Healthcare Teams and New Facilities. Simulation in Healthcare: The Journal of the Society for Simulation in Healthcare, 6(3), 125-133.

Hollnagel, E. (2009). The ETTO Principle: Efficiency-Thoroughness Trade-Off: Why Things that Go Right Sometimes Go Wrong.

7. 시뮬레이션: 경계를 감지하고 극복하는 도구

Farnham, UK: Ashgate Publishing.

Hollnagel, E. (2014). Safety-I and Safety-II: The Past and Future of Safety Management. Boca Raton, FL: CRC Press.

Hollnagel, E. (2017). Safety-II in Practice: Developing the Resilience Potentials. Abingdon, Oxon: Routledge.

Hollnagel, E. (2018) FRAM – the Functional Resonance Analysis Method for Modelling Non-Trivial Socio-Technical Systems. Retrieved from http://www.functionalresonance.com/ . Accessed 30 September 2018.

Iedema, R., Mesman, J., & Carrol, K. (2013). Visualising Health Care Practice Improvement: Innovation from Within. Boca Raton, FL: CRC Press.

Kihlgren, P., Spanager, L., & Dieckmann, P. (2015). Investigating Novice Doctors' Reflections in Debriefings after Simulation Scenarios. Medical Teacher, 37(5), 437–443.

Kolbe, M., Burtscher, M. J., & Manser, T. (2013). Co-ACT – A Framework for Observing Coordination Behaviour in Acute Care Teams. BMJ Quality & Safety, 22(7), 596–605.

Lockman, J. L., Ambardekar, A. P., & Deutsch, E. S. (2015). Optimizing Education with in situ Simulation. In J. C. Palaganas, J. C. Maxworthy, C. A. Epps, & M. E. Mancini (Eds.), Defining Excellence in Simulation Programs (pp. 90–98). China: Wolters Kluwer.

Lowe, D. J., Ireland, A. J., Ross, A., & Ker, J. (2016). Exploring Situational Awareness in Emergency Medicine: Developing a

Shared Mental Model to Enhance Training and Assessment. Postgraduate Medical Journal, 92(1093), 653-658.

Manser, T., Foster, S., Flin, R., & Patey, R. (2013). Team Communication During Patient Handover from the Operating Room: More than Facts and Figures. Human Factors: The Journal of the Human Factors and Ergonomics Society, 55(1), 138-156.

Nemeth, C. P., Wears, R. L., Woods, D. D., Hollnagel, E., & Cook, R. I. (2008). Minding the Gaps: Creating Resilience in Healthcare. In K. Henriksen, J. B. Battles, M. A. Keyes, & M. L. Grady (Eds.), Advances in Patient Safety: New Directions and Alternative Approaches (Performance and Tools) Volume 3 (pp. 1-13). Rockville, MD: Agency for Healthcare Research and Quality Publication.

Rasmussen, M. B., Dieckmann, P., Barry Issenberg, S., Ostergaard, D., Soreide, E., & Ringsted, C. V. (2013). Long-Term Intended and Unintended Experiences After Advanced Life Support Training. Resuscitation, 84(3), 373-377.

Tannenbaum, S. I. & Cerasoli, C. P. (2013). Do Team and Individual Debriefs Enhance Performance? A Meta-Analysis. Human Factors: The Journal of the Human Factors and Ergonomics Society, 55(1), 231-245.

Wears, R. L., Hollnagel, E., & Braithwaite, J. (2015). Resilient Health Care, Volume 2: The Resilience of Everyday Clinical Work. Abingdon, Oxon: Ashgate Publishing.

Weick, K. E. & Sutcliffe, K. M. (2007). Managing the Unexpected: Resilient Performance in an Age of Uncertainty, 2nd ed. San

Francisco, CA: Jossey-Bass.

Woods, D. D. (2015). Four Concepts for Resilience and the Implications for the Future of Engineering. Reliability Engineering & System Safety, 141, 5-9.

제IV부

경계의 경험

8 시스템 및 지식의 경계 돌아보기

Kate Churruca, Janet C. Long, Louise A. Ellis, and Jeffrey Braithwaite
Macquarie University

【목차】

소개	135
방법	137
결과	137
사례 개요	137
전문적, 조직적 경계 극복과 협업	138
복잡계 시스템에 나타나는 경계	141
일과 역할 간의 경계	143
WAI와 WAD 간의 경계 극복	144
통합력에 대한 생각의 경계: 시스템 속성 또는 행동	146
논의	147
결론 및 RHC의 향후 방향에 대한 시사점	149
참고문헌	150

소개

통합 보건의료(RHC; Resilient health care)는 2012년 통합 보건의료 네트워크(RHCN)의 결성을 시작으로 젊고 성장하고 있는 분야이다(Braithwaite, Wears, & Hollnagel, 2015). 이는 주로 레질

제Ⅳ부 경계의 경험

리언스 엔지니어링 연구뿐만 아니라 인지, 실험 및 사회 심리학, 시스템 연구, 인체공학, 사회학, 복잡성 과학, 인류학 및 철학 등 다양한 분야의 초기 학문과 이론을 바탕으로 한다. 현재까지 RHC 학자 커뮤니티가 수집한 문헌과 저서를 통해 풍부한 경험적 연구 데이터베이스가 등장했다(Braithwaite, Wears, & Hollnagel, 2017; Hollnagel, Braithwaite, & Wears, 2013a, 2019; Wears, Hollnagel, & Braithwaite, 2015). 조직 현상에 대한 사회과학적 접근방식에 적합하기 때문에, 새로운 학문 분야에서 일반적으로 볼 수 있는 사례연구가 이 분야의 연구를 지배하고 있다.

이 챕터에서는 RHCN의 후원으로 이전 네 권의 책을 발간하면서 수집한 30개 RHC사례에 대한 검토를 제시한다(Braithwaite et al., 2017; Hollnagel et al., 2013a, 2019; Wears et al., 2015). 우리는 이 챕터의 분류 시스템을 적용하여 설정, 사용 방법 및 각 챕터의 초점을 파악했다. 이 책은 경계를 극복하는 것에 중점을 두고 있으므로 이 주제를 검토한 챕터와 연관지어 평가하고자 했다.

언뜻 보기에 경계는 보건의료 어디에나 존재하는 것처럼 보인다. 여기에는 의사와 간호사(Nancarrow & Borthwick, 2005), 의료진과 환자(Griffith & Tengnah, 2013), 그룹, 팀, 조직 간의 사일로(Braithwaite, 2010) 등의 전문적 경계가 포함된다. 레질리언스 이론은 다른 방식으로 경계의 중요성을 강조하며, 의료 시스템이 허용 가능한 수행의 범위 내에서 이상적으로 운영되는 방식을 주목한다; 그러나 비용과 스태프의 업무 부하를 줄여야 한다는 압박은 경계를 넘어 허용할 수 없는 실행으로 이어질 수 있음을 지적한다

8. 시스템 및 지식의 경계 돌아보기

(Nemeth, Wears, Woods, Hollnagel, & Cook, 2008). 이러한 명확한 경계와 제한된 행동 및 구조에 대한 이론적 설명에도 불구하고, 다음 분석에서는 보다 근거있는 접근방식을 사용한다. 우리의 주요연구 질문은 다음과 같다: 지금까지 수집된 RHC의 경험적 사례 및 전반에 걸쳐 어떤 유형의 경계가 존재하는가? 경계를 극복하는 것은 통합적 수행과 어떤 관련이 있나?

방법

RHC 영역의 이전 책자에서 우리가 알아낸 30개의 사례 연구를 서술적 방식으로 종합했다. 우리는 먼저 연구 대상의 출신 국가, 배경, 참가자 등의 인구통계학적 정보와 연구 유형 또는 연구 초점과 같은 방법론적 정보를 파악하기 위해 프로파일링을 실시했다. 후속 분석은 이러한 경험적 연구의 경계를 파악하려는 시도와 시스템 통합을 위해 이러한 경계를 극복하는 업무 근거에 따라 이루어졌다.

결과

사례 개요

30개의 사례 연구는 대부분 경제협력개발기구(OECD)와 영어권 국가에서 시작되었으며, 캐나다와 영국이 가장 많은 부분을 차지했다.

제IV부 경계의 경험

레질리언스를 연구하는 방법은 주로 질적 연구와 관찰 연구였으며 연구가 진행된 주요 환경은 병원이었다. 또한, 임상의와 관련 스태프가 연구에 가장 많이 참여했다. 분석에 포함된 챕터 내용에는 중복되는 부분이 있었지만, 일반적으로 세 가지 주요 초점으로 분류할 수 있다: 일상적인 임상 업무를 이해하려는 연구(n=19); 레질리언스 엔지니어링을 적극적으로 시도한 연구(n=6); 내부 또는 외부 방해에 대한 사후 분석을 제공한 연구(n=5). 프로필 요약은 표 8.1에서 볼 수 있다.

검토한 사례 내, 사례 전반 및 사례들 간의 여러 가지 경계를 확인했다. 앞으로 계속 살펴보겠지만, 이러한 다양한 유형의 경계는 레질리언스를 이해하고 RHC를 연구하는 방식에 영향을 미친다.

전문적, 조직적 경계 극복과 협업

이 책의 여러 챕터에서 전문적, 조직적 경계를 넘나들며 일하는 방식이 통합적 수행에 기여 한다고 설명했다. 보건의료는 종종 임상조직 중심의 인류학적 설명과 연관된 업무 사일로로 인해 직업을 구분하여 수많은 격차가 있는 것으로 개념화되어 왔다(Braithwaite et al., 2013)그러나, 일상적인 임상 업무에 내재된 복잡한 문제에는 종종 통합적 시스템 수행을 위해 다양한 관점과 협업 팀 기능을 필요로 한다. 예를 들어, 중환자실(ICU)의 적절한 개입에 대한 예비 평가에 따르면(Horsley, Hocking, Julian, Culverwell and Zijdel, 2019) 다양한 관점을 촉진하는 팀은 더 나은 상황을 조율하고(예

8. 시스템 및 지식의 경계 돌아보기

측); 우려 사항을 제기하는 것이 더 편하고(관찰); 보다 명확한 계획과 역할을 갖추고(대응), 상황발생 이후 디브리핑(학습)이 있는 것으로 밝혀졌다.

다양한 직업 간의 의사소통은 장애 상황에서는 특히 중요하다(Nyssen & Blavier, 2013). 이와 관련한 연구에서(Ekstedt & Cook, 2015), 스웨덴에서 눈보라가 몰아치는 동안 홈케어 의료 전문가들의 적응 반응에 대한 의사소통이 얼마나 중요한지 보여주었다. 이 연구는 이들이 자신의 견해를 명확히 밝히고, 업무를 완료하기 위해 동료들과 적응하려는 의지를 공유할 수 있는 기회를 제공했다. 또 다른 연구에서는(Pariès, Lot, Rome and Tassaux, 2013) 직업 간의 경계를 어느 정도 인정하는 것이 잠재적으로 유용하다는 점을 강조했다: 협력과 경쟁이 혼합된 '협조적 경쟁(coopetition)'은 다양한 그룹이 어려운 상황에서도 성공할 수 있도록 동기를 부여했다. 또 다른 예로, 노르웨이의 출산 환경을 조사한 사례는(Heggelund & Wiig, 2019), 통합적 수행을 지원하기 위해 유연한 학습과 개방적 문화가 어떻게 조성될 수 있는지 보여주었다.

〈표 8.1〉 사례 요약

Demographics	Number of Cases
Country of Study	
Australia	3
Belgium	2
Brazil	1
Canada	5
Denmark	1

제IV부 경계의 경험

Demographics	Number of Cases
Japan	2
New Zealand	2
Norway	2
Sweden	1
Switzerland	1
Taiwan	2
United Kingdom	6
United States	2
Setting	
Hospital	26
Aged care	1
Multiple	3
Participants[a]	
Doctors	2
Doctors and managers	1
Nurses	1
Nurses and doctors	8
Allied health professionals	1
Staff and patients	1
Multiple health care staff[b]	16
Methods	
Qualitative	24
Quantitative	1
Mixed methods	5
Design	
Intervention	5
Observation	25
Focus of Study	
Resilience engineering	6
Understanding everyday clinical work	19
Retrospective analysis of disturbance	5

a 참가자 분류는 상호배타적이다.
b 예를 들어, 의사, 간호사 및 행정스태프 외에도 관련 보건의료진이 포함된다.

8. 시스템 및 지식의 경계 돌아보기

 반면, 조직과 그룹 간 서로 다른 관점은, 통합적 수행을 저해할 수도 있다. 노르웨이에서 1차 진료와 병원 진료라는 두 시스템 간의 경계를 잇는 시도와 관련된 의료 제공 영역인 진료 전환(care transitions)에 대한 연구(Laugaland & Aase, 2015)를 수행했다. 예를 들어, 한 조직에서 '허용 가능한' 결과에 대한 정의가 다른 조직에서는 동일하지 않을 수 있음을 발견했다. 이러한 잠재적 한계를 피하기 위해 경계를 넘나드는 통합역량은, 다른 이해관계자의 관점을 명시적으로 공유하고 이해하는 것과 같이 그룹 간 조정이 바람직하지만, 일반적으로 이러한 수행을 일상화하려면 시간과 자원이 필요하다(Braithwaite, Clay-Williams, & Hunte, 2017).

복잡계 시스템에 나타나는 경계

보건의료에서 전문직과 조직의 경계는 다양한 방식으로 존재하며, 여러 연구에서 이러한 경계가 통합적 수행에 영향을 미칠 수 있다고 제안했지만, 이력, 협의, 절충 등 복잡한 힘의 산물이라는 점에서 경계는 어느 정도 자의적이라는 증거가 여러 사례에서 발견되었다. 이와 관련하여, 우리가 검토한 여러 챕터에서 보건의료를 복잡적응시스템(CAS)으로 개념화할 것을 주장했다(예: Laugaland & Aase 2015; Nakajima & Kitamura, 2019; Sheps, Cardiff, Pelletier, & Robson, 2015). CAS의 특성에는 경로 의존성, 발현적 행동, 간헐적인 단계 전환으로 인한 상대적 항상성, 그리고 이해관계자와 해당 인공물의 상호의존성이 포함된다. CAS는 시간이 지남에 따라 동적으로 상호작용하는 다양한 주체(예: 의료 전문가, 관리자, 정책 담당자, 환자 및 기타 이해관계자)로 구성된다. RHC 회원들 사이에서 널리 알려진 대표적인 사례 중 하나는 병원의 응급실(ED)이다. 응급실은 지배적 조건에 직면하여 시간이 지남에 따라 변화하고, 주체의 행동이 구성되는 계층구조, 위계조직, 네트워크 및 기타 공식, 비공식 사회구조가 혼합되어 역동적이고 비선형적인 움직임을 나타내는 것으로 보인다(Braithwaite, Wears & Hollnagel, 2017). 결과적으로, 응급실의 '경계'는 항상 변화하고 있으며(Braithwaite et al., 2013), 이를 고려하여 행동과 업무량을 지속적으로 조정해야 한다.

복잡계 시스템은 다양하게 연결되고, 상호작용하며, 상호의존적인 특성으로 인해 상대적으로 개방적이며 투과성이거나 불명확한 경계를 나타낸다(Braithwaite et al., 2013). 이는 전문가 그룹, 병동 또는 부서가 다른 전문가 그룹, 병동 및 부서와 자신들을 구별하고 고유성을 강조할 수 있지만, 실제로 그들의 행동은 상호의존적이라는 것이다(Braithwaite et al., 2013). 예를 들어, 병원 내 임상 마이크로시스템(응급실, 정신건강, 중환자실)이 경계가 있어 보이지만, 장애 상황에 직면했을 때 서로의 '기동능력'에 어떻게 영향을 미치는지 연구했다(Stephens, Woods, Patterson, 2015).

복잡계 시스템의 예측 불가능한 특성은 통합적 역량인 예측을 더욱 어렵게 만들 수 있다. 응급실의 또 다른 사례에서 미래의 혼란에 대비하기 위해 과거 상황으로부터 학습하려면 과거 데이터의 패턴을 인식하는 것뿐만 아니라 ED의 경계를 넘어서는 여러 단계의 이해관계자 동의가 필요하다는 것을 보여주었다(Hunte and Marsden,

8. 시스템 및 지식의 경계 돌아보기

2019). 종합하면, 스태프의 자기 조직화, 구분 가능한 문화, 패턴화된 사회적 행동 및 비공식 네트워크를 포함하는 보건의료 분야 CAS의 특징은 통합적 수행을 창출하는 것으로 보인다(Braithwaite et al., 2013).

일과 역할 간의 경계

우리가 평가한 사례에서 경계는 항상 통합적 관행과 상반되는 것으로 보이지는 않았다. 업무의 측면을 구분하는(즉, 경계 설정) 것이 혼란 상황 시 실행력을 유지하는 데 도움이 된다는 증거도 있었다. 예를 들어, 하키 폭동 이후 대규모 환자 유입에 대한 캐나다 응급실의 대응을 연구했다(Hunte, 2015). 그는 최루가스를 씻어내기 위해 외부에 오염제거 스테이션을 설치한 것을 적응적 대응방안 중 하나로 꼽았는데 – 이러한 구조적 경계를 만들어 잔류물이 응급실로 유입되지 않도록 했다.

실제로, 전문적 경계를 강조하고 조직 계층을 강화함으로써 발생하는 잠재적 함정에도 불구하고, 관료주의의 이러한 측면은 제약이 아니라 오히려 권한을 부여할 수 있다고 지적했다(Hunte and Wears, 2017). 그들은 특히 역할과 책임에 대한 지침과 명확성을 통해 업무 수행력이 어떻게 향상될 수 있는지에 주목했다. 역할과 책임을 명확히 하려면 어느 정도는, 사람들 간의 경계를 수반하는 사회구조가 필요하다. 뉴질랜드 ICU 팀에서 일하는 임상의 간 역할의 명확성 증진에 관한 요소를 포함하여 통합적 수행력을 장려하기 위한 개입에서 이 아이디어를 채택하기도 했다(Horsley et al., 2019). 마찬가지로, 새로운 소아 커뮤니티 병원에서 미국 스태프를 교육하기 위해 시뮬레이션을 사용한 연구에서 리더십 역할의 명확한 차별화가 중요하다는 것도 보여주었다(Deutsch, Fairbanks and Patterson, 2019). 그 연구에서 리더는 진료 제공에 관여하지 말고 주도적으로 리드만 해야 한다는 것을 보여주었다.

WAI와 WAD 간의 경계 극복

이 챕터에서는 실질적인 의미에서 복잡계 시스템에 종사하는 사람들이 끊임없이 경계를 넘나들며 실제로는 이를 극복하는 것을 보여주었고, 이는 정책 책임자와 경영진이 제시하는 이상적인 업무 방식과 일상적인 임상 업무의 실제 요구 사이의 섬세하고 취약한 경계, 견고하고 강력한 경계를 모두 극복하기 때문이다(Chuang & Wears, 2015). 이러한 의미에서, 정책 책임자, 관리자 등 지원측의 가상일(WAI)과 진료의 일선에 있는 임상의의 실제일(WAD) 사이에는 항상 다수의 작은 격차가 존재하며 때로는 큰 격차가 있기도 하다. 의료 서비스가 규정된 하향식 절차에 따라 표준화된 방식으로 제공하거나 심지어 제공될 수 있다는 가정은 잘못된 것으로, 여러 저자가 변동성 및 조정이 보건의료 제공의 일부이자 필수요소이며 대부분 안전하고 바람직한 임상 결과로 이어진다는 점을 지적하였다(Braithwaite et al., 2013; Ross, Anderson, Cox & Malik, 2019).

8. 시스템 및 지식의 경계 돌아보기

보건의료 분야에서 보편적으로 볼 수 있는 해결 방법은 가상일과 실제일 사이의 경계에서 나타난다. 이러한 해결 방법은 허용되는 프로토콜과 공식화되고 규정된 작업 방식에서 벗어나, 의료 서비스에서 일을 처리하는데 유용할 뿐만 아니라 사람들이 어떻게 대응하고, 억압하거나 실행할 수 없는 정책 및 절차, 상충되는 요구 및 기존 장벽에 대응하고 극복하는지에 대한 통찰력을 제공한다(Debono et al., 2019). 예를 들어, 구급대원이 규정에 따른 중개자 대신 의료 전문가에게 비공식적인 정보를 전달함으로써 환자의 안전을 보장하는 '비밀스런 2차 인계'를 응급실에서 확인하였다(Sujan, Spurgeon, Cooke, 2015).

단기적으로는 적응을 지지하지만(Debono et al., 2019; Ekstedt & Cook, 2015), 일부 저자는 해결 방법이 지식의 격차를 지속시키고 일상적인 임상 업무가 실제로 어떻게 이루어지는지에 대한 통찰력을 제한할 수 있다고 경고했다(Nakajima & Kitamura, 2019). 예를 들어, 호주의 연구에 따르면 해결 방법이 근본적인 문제가 아닌 즉각적인 문제를 해결하기 위해 동원될 수 있기 때문에, 시간이 지남에 따라 스태프들의 불만이 지속되고 시스템의 취약성 경향을 악화시켜 WAI와 WAD의 분리에 기여할 수 있다는 사실이 입증되었다(Debono et al., 2019). 이와 관련하여, WAI-WAD 인터페이스를 관리하기 위한 보다 생산적인 시도가 유용할 수 있다고 제안했는데(Hunte and Wears, 2017), 여기에는 현장측 업무와 지원측 업무에 있는 사람들 간 연결을 구축하기 위한 생성 파트너십을 형성하는 것이 포함된다. 뉴질랜드 크라이스트 교회 지진 여파로 통합적 실행력에 대한 연구에서 WAI 및 WAD의 재조정 측면에서 발생할 수 있음을 입증했다(Zhuravsky, 2019).

통합력에 대한 생각의 경계: 시스템 속성 또는 행동

여러 챕터의 논평에 걸쳐, RHC에 대한 이론적, 실제적 논쟁이 있었다. 이러한 논쟁은 일반적으로 레질리언스가 측정 가능한 것인지 아니면 레질리언스 역량을 측정할 수 있는 것인지에 대한 두 가지 의견 중 하나로 나뉘어진다(Hollnagel, Braithwaite, & Wears, 2013b). 일부 학자들은 레질리언스가 조직의 기본 속성이라고 제안했다(Horsley et al., 2019; Laugaland and Aase, 2015). 그러나 다른 학자들은 레질리언스는 시스템이 가지고 있는 것이 아니라 시스템이 수행하는 방식의 특징이라는 견해에 더 동의했다(Ekstedt and Cook, 2015; Hunte, 2015). 따라서 레질리언스는 관찰 가능한 환경 자원과 스태프 역량을 포함하여 기존 조건에서 레질리언스 역량의 발현이나 표현일 뿐이라는 것이다.

우리가 검토한 챕터에서 레질리언스에 대한 사고의 경계가 분명하게 드러났으며, 일부 챕터에서는 레질리언스를 강화할 수 있는 방법에 초점을 맞추어, 기능공명 분석방법(Functional Resonance Analysis Method/Hounsgaard, Thomsen, Nissen, & Bhanderi, 2019; Sujan), 레질리언스 마커 프레임워크(Resilience Markers Framework/Furniss, Robinson, & Cox, 2019), 레질리언스 엔지니어링 모델 적용 개념(Concepts for Applying Resilience

8. 시스템 및 지식의 경계 돌아보기

Engineering model/Anderson et al., 2019) 및 시뮬레이션(Deutsch et al., 2019)과 같은 도구와 접근법을 제안하고 있다. 그러나 다른 저자들은, 레질리언스가 '향상'될 수 있는지에 대한 의문을 제기하며, 이를 입증하는 설득력 있는 사례를 찾지 못했다(Cook & Ekstedt, 2017).

논의

30편의 RHC 사례를 검토한 결과, 대부분의 챕터가 영어권, OECD 회원국 출신이며 병원 진료에 중점을 둔다는 사실을 발견했다. 그들은 주로 레질리언스 엔지니어링의 사고를 바탕으로 한 질적 방법을 사용했지만 다양한 사회과학 전통의 영향도 많이 받았다. 일반적으로, 개입보다 관찰에 중점을 두었으며, 일상적인 임상 업무를 평가하는 데 집중했다. 우리가 검토한 사례에서 수많은 경계가 확인되었으며; 이러한 경계는 레질리언스를 이해하고 향후 RHC 연구에 시사하는 바가 있다.

우리는 전문가와 조직 간의 경계를 확인했지만, 복잡계 시스템 관점의 학자들이 주장한 것처럼 이러한 경계는 견고하고 고정된 것이 아니라 투과성 있고 변화하는 것으로 인식되고 있다. 많은 사례에서, 유연하고 끊임없이 변화하는 경계를 인정하고 그 경계를 극복하려는 명시적인 시도가 통합적 실행역량에 도움이 되었다. 이는 이전에 다른 경험적 연구에서도 발견되었는데, 보건의료 분야의 경계를

제Ⅳ부 경계의 경험

극복하는 행동에 대한 체계적 검토에서 '자신의 주요 그룹 또는 직업과 동일시 하는 것은 매우 강하게 유지되지만, 부서 간, 그룹 간, 전문직 간의 의사소통, 협업 및 상호작용은 보다 다원적이며 정보에 입각하여 협조적인 직장을 만드는 데 중요하다'라고 주장했다'(Braithwaite, 2010, p.330).

또한 우리는 통합적 실행역량 측면에서 경계가 전적으로 문제 되지 않는다는 증거도 발견했다. 직무 과제, 그룹, 팀 및 직업을 구분할 때, 경계는 복잡계 시스템에 구조화된 질서를 부여하고 수행역량에 동기를 부여하며 업무 책임에 대한 명확성을 제공할 수 있다. 실제로, RHCN 이외의 다른 연구에 따르면 다른 사람의 역할과 책임에 대한 이해는 보건의료 분야에서 성공적인 협업을 위한 전제조건이며(Suter et al., 2009), 이런 의미에서 대인관계의 경계를 인식하는 것은 경계를 넘나들며 일할 수 있는 기회를 제공하는 것으로 보인다.

많은 챕터에서 눈에 띄는 또 다른 유형의 경계는 WAI와 WAD의 차이에 관한 것이었다. 이러한 잠재적 단절을 극복하는 과정에서 보건의료 전문가들은 제2의 해결책에 의존했다. 이 챕터에 포함된 일부 저자들은 단기적으로는 적응할 수 있지만, 해결책의 장기적 영향에 대한 우려를 제기했다. 예를 들어, 일선의 임상의가 공식 처방전을 비밀리에 해결하는 경우, WAI와 WAD를 조정하는 더 큰 문제는 해결되지 않는다. 결과적으로, 일상적인 임상 업무가 불투명하고 제대로 이해되지 않은 상태에서는, 실제로 장기적으로는 통합적 수행역량을 감소시킬 수 있다. 범위 검토에서 수집된 다른 증거로는, 제

8. 시스템 및 지식의 경계 돌아보기

2의 해결책이 환자 안전에 잠재적으로 해로운 영향을 미칠 수 있음을 더욱 강조한다(Debono et al., 2013). 예상하는 바와 같이, WAI와 WAD 간의 격차를 해소하는 데는 쉽고 보편적인 해답은 없다.

우리는 각 챕터 내에서 분석하기보다는 여러 챕터를 비교하여 최종 주제를 추론했다. 이는 레질리언스 자체의 본질에 대한 각 챕터 저자들 관점의 경계와 관련이 있다. 시스템이 가지고 있는 것과 시스템이 하는 것의 차이에서 레질리언스를 연구하는 방법에 대한 다양한 가정과, 개입이나 개선의 대상이 될 수 있는 것인지에 대한 질문이 도출되었다.

결론 및 RHC의 향후 방향에 대한 시사점

검토한 챕터에는 고소득 국가, 병원 기반 조사 및 관찰 연구가 압도적으로 많았다. 따라서 일상적인 임상 업무에서 통합역량(resilience)을 이해하는 것이 이 연구의 주요 주제였지만, 다양한 맥락에서 폭넓고 혼합된 방법의 연구를 통한 더 많은 연구가 필요하다. 이를 통해 복잡한 현상에 대한 이해를 촉진하고 다양한 보건의료 환경 전반에서 일상적인 임상 업무에 적용할 수 있는 통합역량을 향상시키거나 - 최소한 RHC와 경계 간의 관계를 더 완전히 이해하는 데 도움이 될 것이다. 해결책이나 개입을 시도했다가 실패하더라도, 보건의료와 같은 CAS가 어떻게 작동하는지, 시스템의 통합적 실행역량과 취약성이 어떻게 나타나는지에 대해 밝혀야 할 것이 많다.

제IV부 경계의 경험

참고문헌

Anderson, J. E., Ross, A. J., Black, J., Duncan, M., Hopper, A., Snell, P., & Jaye, P. (2019). Resilience Engineering for Quality Improvement: Case Study in a Unit for the Care of Older People. In E. Hollnagel, J. Braithwaite, & R. L. Wears (Eds.), Delivering Resilient Health Care, Volume 4 (pp. 32–43). New York, NY: Routledge.

Braithwaite, J. (2010). Between-Group Behaviour in Health Care: Gaps, Edges, Boundaries, Disconnections, Weak Ties, Spaces and Holes. A Systematic Review. BMC Health Services Research, 10(1), 330.

Braithwaite, J., Clay-Williams, R., & Hunte, G. S. (2017). Understanding Resilient Clinical Practices in Emergency Department Ecosystems. In J. Braithwaite, R. L. Wears, & E. Hollnagel (Eds.), Resilient Health Care, Volume 3: Reconciling Work-as-Imagined and Work-as-Done (pp. 89–102). Boca Raton, FL: Taylor & Francis Group.

Braithwaite, J., Clay-Williams, R., Nugus, P., & Plumb, J. (2013). Healthcare as a Complex Adaptive System. In E. Hollnagel, J. Braithwaite, & R. L. Wears (Eds.), Resilient Health Care (pp. 57–73). Farnham, UK: Ashgate Publishing.

Braithwaite, J., Wears, R. L., & Hollnagel, E. (2015). Resilient Health Care: Turning Patient Safety on its Head. International Journal for Quality in Health Care, 27(5), 418–420.

Braithwaite, J., Wears, R. L., & Hollnagel, E. (Eds.). (2017). Resilient

Health Care: Reconciling Work-as-Imagined and Work-as-Done. Boca Raton, FL: Taylor & Francis Group.

Chuang, S. & Wears, R. L. (2015). Strategies to Get Resilience into Everyday Clinical Work. In R. L. Wears, E. Hollnagel, & J. Braithwaite (Eds.), The Resilience of Everyday Clinical Work (pp. 225–234). Farnham, UK: Ashgate Publishing.

Cook, R. I. & Ekstedt, M. (2017). Reflections on Resilience: Repertoires and System Features. In J. Braithwaite, R. L. Wears, & E. Hollnagel (Eds.), Resilient Health Care, Volume 3: Reconciling Work-as-Imagined and Work-as-Done (pp. 111–118). Boca Raton, FL: Taylor & Francis Group.

Debono, D. S., Clay-Williams, R., Taylor, N., Greenfield, D., Black, D., & Braithwaite, J. (2019). Using Workarounds to Examine Characteristics of Resilience in Action. In E. Hollnagel, J. Braithwaite, & R. L. Wears (Eds.), Delivering Resilient Health Care (pp. 44–55). New York, NY: Routledge.

Debono, D. S., Greenfield, D., Travaglia, J. F., Long, J. C., Black, D., Johnson, J., & Braithwaite, J. (2013). Nurses' Workarounds in Acute Healthcare Settings: A Scoping Review. BMC Health Services Research, 13(1), 175.

Deutsch, E., Fairbanks, T., & Patterson, M. (2019). Simulation as a Tool to Study Systems and Enhance Resilience. In E. Hollnagel, J. Braithwaite, & R. L. Wears (Eds.), Delivering Resilient Health Care (pp. 56–65). New York, NY: Routledge.

Ekstedt, M. & Cook, R. I. (2015). The Stockholm Blizzard of 2012. In R. L. Wears, E. Hollnagel, & J. Braithwaite (Eds.), The

Resilience of Everyday Clinical Work (pp. 95-74). Farnham, UK: Ashgate Publishing.

Furniss, D., Robinson, M., & Cox, A. (2019). Exploring Resilience Strategies in Anaesthetists' Work: A Case Study Using Interviews and the Resilience Markers Framework (RMF). In E. Hollnagel, J. Braithwaite, & R. L. Wears (Eds.), Delivering Resilient Health Care. New York, NY: Routledge.

Griffith, R. & Tengnah, C. (2013). Maintaining Professional Boundaries: Keep Your Distance. British Journal of Community Nursing, 18(1), 43-46.

Heggelund, C. & Wiig, S. (2019). Promoting Resilience in the Maternity Services. In E. Hollnagel, J. Braithwaite, & R. L. Wears (Eds.), Delivering Resilient Health Care (pp. 80-96). New York, NY: Routledge.

Hollnagel, E., Braithwaite, J., & Wears, R. L. (Eds.). (2013a). Resilient Health Care. Farnham, UK: Ashgate Publishing.

Hollnagel, E., Braithwaite, J., & Wears, R. L. (2013b). Epilogue: How to Make Health Care Resilient. In E. Hollnagel, J. Braithwaite, & R. L. Wears (Eds.), Resilient Health Care (pp. 227-238). Farnham, UK: Ashgate Publishing.

Hollnagel, E., Braithwaite, J., & Wears, R. L. (Eds.). (2019). Delivering Resilient Health Care. New York, NY: Routledge.

Horsley, C., Hocking, C., Julian, K., Culverwell, P., & Zijdel, H. (2019). Team Resilience: Implementing Resilient Healthcare at Middlemore ICU. In E. Hollnagel, J. Braithwaite, & R. L.

Wears (Eds.), Delivering Resilient Health Care (pp. 97-117). New York, NY: Routledge.

Hounsgaard, J., Thomsen, B., Nissen, U., & Bhanderi, I. (2019). Understanding Normal Work to Improve Quality of Care and Patient Safety in a Spine Center. In E. Hollnagel, J. Braithwaite, & R. L. Wears (Eds.), Delivering Resilient Health Care (pp. 118-130). New York, NY: Routledge.

Hunte, G. S. (2015). A Lesson in Resilience: The 2011 Stanley Cup Riot. In R. L. Wears, E. Hollnagel, & J. Braithwaite (Eds.), The Resilience of Everyday Clinical Work (pp. 1-10). Farnham, UK: Ashgate Publishing.

Hunte, G. S. & Marsden, J. (2019). Engineering Resilience in an Urban Emergency Department. In E. Hollnagel, J. Braithwaite, & R. L. Wears (Eds.), Delivering Resilient Health Care (pp. 131-149). New York, NY: Routledge.

Hunte, G. S. & Wears, R. L. (2017). Power and Resilience in Practice: Fitting a 'Square Peg in a Round Hole' in Everyday Clinical Work. In J. Braithwaite, R. L. Wears, & E. Hollnagel (Eds.), Reconciling Work-as-Imagined and Work-as-Done (pp. 119-127). Boca Raton, FL: Taylor & Francis Group.

Laugaland, K. & Aase, K. (2015). The Demands Imposed by a Health Care Reform on Clinical Work in Transitional Care of the Elderly: A Multi-faceted Janus. In R. L. Wears, E. Hollnagel, & J. Braithwaite (Eds.), The Resilience of Everyday Clinical Work (pp. 39-58). Farnham, UK: Ashgate Publishing.

Nakajima, K. & Kitamura, H. (2019). Patterns of Adaptive Behaviour and Adjustments in Performance in Response to Authoritative Safety Pressure Regarding the Handling of KCL Concentrate Solutions. In E. Hollnagel, J. Braithwaite, & R. L. Wears (Eds.), Delivering Resilient Health Care (pp. 150–159). New York, NY: Routledge.

Nancarrow, S. A. & Borthwick, A. M. (2005). Dynamic Professional Boundaries in the Healthcare Workforce. Sociology of Health & Illness, 27(7), 897–919.

Nemeth, C., Wears, R., Woods, D., Hollnagel, E., & Cook, R. (2008). Minding the Gaps: Creating Resilience in Health Care. In K. Henriksen, J. B. Battles, M. A. Keyes, & M. L. Grady (Eds.), Advances in Patient Safety: New Directions and Alternative Approaches (Vol. 3: Performance and Tools). Rockville, MD: Agency for Healthcare Research and Quality.

Nyssen, A. & Blavier, A. (2013). Investigating Expertise, Flexibility and Resilience in Socio-technical Environments: A Case Study in Robotic Surgery. In E. Hollnagel, J. Braithwaite, & R. L. Wears (Eds.), Resilient Health Care (pp. 97–110). Farnham, UK: Ashgate Publishing.

Pariès, J., Lot, N., Rome, F., & Tassaux, D. (2013). Resilience in the Intensive Care Units: The HUG Case, in Resilient Health Care. In E. Hollnagel, J. Braithwaite, & R. L. Wears (Eds.), Resilient Health Care (pp. 77–96). Farnham, UK: Ashgate Publishing.

Ross, A. J., Anderson, J. E., Cox, A., & Malik, R. (2019). A Case Study of Resilience in Inpatient Diabetes Care. In E. Hollnagel,

J. Braithwaite, & R. L. Wears (Eds.), Delivering Resilient Health Care (pp. 160-173). New York, NY: Routledge.

Sheps, S., Cardiff, K., Pelletier, E., & Robson, R. (2015). Revealing Resilience Through Critical Incident Narratives: A Way to Move from Safety-I to Safety-II. In R. L. Wears, E. Hollnagel, & J. Braithwaite (Eds.), The Resilience of Everyday Clinical Work (pp. 189-206). Farnham, UK: Ashgate Publishing.

Stephens, R. J., Woods, D. D., & Patterson, E. S. (2015). Patient Boarding in the Emergency Department as a Symptom of Complexity-induced Risks. In R. L. Wears, E. Hollnagel, & J. Braithwaite (Eds.), The Resilience of Everyday Clinical Work (pp. 129-144). Farnham, UK: Ashgate Publishing.

Sujan, M. A. & Spurgeon, P. (2019). The Safety-II Case: Reconciling the Gap Between WAI and WAD Through Structured Dialogue and Reasoning About Safety. In E. Hollnagel, J. Braithwaite, & R. L. Wears (Eds.), Delivering Resilient Health Care (pp. 186-198). New York, NY: Routledge.

Sujan, M. A., Spurgeon, P., & Cooke, M. W. (2015). Translating Tensions in Safe Practices Through Dynamic Trade-offs: The Secret Second Handover. In R. L. Wears, E. Hollnagel, & J. Braithwaite (Eds.), The Resilience of Everyday Clinical Work (pp. 11-22). Farnham, UK: Ashgate Publishing.

Suter, E., Arndt, J., Arthur, N., Parboosingh, J., Taylor, E., & Deutschlander, S. (2009). Role Understanding and Effective Communication as Core Competencies for Collaborative Practice. Journal of Interprofessional Care, 23(1), 41-51.

Wears, R. L., Hollnagel, E., & Braithwaite, J. (Eds.). (2015). Resilient Health Care: The Resilience of Everyday Clinical Work. Farnham, UK: Ashgate Publishing.

Zhuravsky, L. (2019). When Disaster Strikes: Sustained Resilience Performance in an Acute Clinical Setting. In E. Hollnagel, J. Braithwaite, & R. L. Wears (Eds.), Delivering Resilient Health Care (pp. 199–209). New York, NY: Routledge.

9 | 현장에서 실행되는 의약품 조제의 이해 – 개념적 모델과 경험적 접근법의 결합

Peter Dieckmann
Copenhagen Academy for Medical Education and Simulation (CAMES)

Marianne Hald Clemmensen
Amgros Copenhagen University Hospital

Saadi Lahlou
The London School of Economics and Political Science

【목차】

소개	157
설치 이론	160
데이터 수집을 위한 혁신적 실증방법으로 주체 중심, 비디오 기반의 문화기술	161
사례 예시	163
토론 및 결론	168
참고문헌	169

소개

의약품 조제는 직업, 부서 및 장치(예: 정보 시스템) 등 여러 경계에 걸쳐 있는 사회-기술(Socio-Technical) 시스템에서 이루어진다. 간호사, 약사 및 기타 의료 전문가는 직간접적으로 협력하여 환자가 어떤 약물을 투여받아야 하는지 파악한다: 복용량, 복용 형태, 복용 경로, 복용 시점 등을 확인한다. 그런 다음 이 정보를 컴퓨터 시스템에서 검색하여 조제실에 있는 올바른 약품을 식별하고, 정확한 용량을 수집하여, 투여할 수 있도록 재포장하고, 조제된 것을 컴퓨터 시스템에 기록한 후, 환자에게 약을 전달하고 투여하기 시작한다. 이 작업은 공식적인 규칙과 규정에 따라 진행되며, 이 모든 것은 의약품을 최대한 정확하고 신속하게 조제하는 궁극적인 목표를 달성하기 위한 노력을 최대한 활용한다. 의약품 조제실과 조직의 다른 부서는 광범위하게 연결되어 있다; 특히 조제실에 특정 약품의 재고가 없다거나 새로운 약품이 시스템에 도입되는 경우 더욱 그렇다. 사회-기술 시스템의 모든 구성 요소가 여기에 있다: 사람, 장치, 절차 등. 이 활동은 경계를 넘나드는 기술 부서뿐만 아니라 여러 커뮤니티 및 행정 기관을 포함한다 – 따라서, 이러한 영역의 변화에 의해 영향을 받을 수 있으며, 반대로 이 활동의 변화가 해당 영역에 영향을 미칠 수 있다. 일부 영향은 직접적(예: 규제)이며 일부는 간접적(예: 의약품 재고부족)이다.

　이 영역에 관한 문헌에 따르면 이러한 상호작용이 기대한 대로 작동하지 않는 경우가 적지 않다. 영국과 덴마크의 국가약물오류 보고 시스템 데이터에 따르면 조제 오류는 전체 투약 오류의 12~18%를 차지하는 것으로 나타났다. 투약 과정 및 연구 방법에 따라 다르지만, 조제 오류율은 일반적으로 0.4%~4% 사이로 보고되고 있다(Andersen, 2010; Lisby, Nielsen, & Mainz, 2005; Patel et al., 2016; Poon et al., 2006). 이름, 라벨 및 포장에 대한 시각적

9. 현장에서 실행되는 의약품 조제의 이해 – 개념적 모델과 경험적 접근법의 결합

인 오인은 조제 오류에 중요한 역할을 하여, 약물을 혼동하거나 잘못된 용량을 투여하는 결과를 초래한다 (Berman, 2004; Berman, 1969; Cohen, 1994; Cohen, 1993; Cohen, 2002; Emmerton & Rizk, 2012; Hoffman & Proulx, 2003; Schulmeister, 2006). 이러한 오류는 환자에게 잠재적으로 해로울 수 있으며(Hoffman & Proulx, 2003; Schulmeister, 2006), 환자 안전과 유해한 투약 오류에 대한 관심이 높아지면서 시각적 오인 가능성을 줄이는 방법에 대한 추가 연구가 필요하다.

이 챕터에서는 실제 상황에서 조제에 대한 데이터 수집과 분석을 개선함으로써 조제 과정에 대한 우리의 지식을 향상시키는 방법을 제시하며; 이는 각 인력들의 경로를 따라 경계 내에서 또는 경계를 넘어 극복하는 과정을 추적한다. 이 방법은 덴마크의 두 병원 사례를 통해, 실제 보건의료 시스템의 혼란스러운 상황에서 안전한 약물 조제를 촉진하는 요인과 장벽이 만들어지는 요인을 파악하는 방법을 설명한다. 상호작용에는 고려해야 할 다양한 측면이 있다; 시스템의 관련 묘사를 기록할 뿐만 아니라 적어도 가능한 한 상황 간, 관련 주체 간, 수행된 활동 간의 실제 상호작용을 명시적으로 파악할 수 있는 방법과 틀이 필요하다.

전통적으로 안전 업무는 문제의 '원인'을 파악하고 이를 시스템에서 제거하려고 노력한다. 이것이 불가능할 경우, 오류를 억제하는 메커니즘을 구현해야 한다. Safety-II의 접근방식(Hollnagel, 2014, 2017)은 실제 환경에서 실행된 작업을 파악하는 등 - 초점을 다르게 설정한다. 인간의 행동을 유도하는 행동 유도성(affordances)을 자세히 분석하고 사회-기술 시스템 여러 분야 간의 상호작용을 분석함으로써, 문제가 발생할 때까지 기다리지 않고 - 시스템을 최적화하여 좋은 수행력을 강화할 수 있는 방식으로 시스템을 이해한다. 우리는 사회-기술 시스템을 설명하기 위한 개념적 틀로서 설치 이론(Lahlou, 2017)을 논의하고 이를 실증적으로 설명하기 위해, 비디오 기반 주체 중심의 문화기술(Lahlou, Le Bellu, & Boesen-Mariani, 2015)을 새로운 접근방식으로 사용한다. 설치 이론의 이론적 토대는 경험적 데이터 수집, 분석 및 해석을 보여준다. 우리는 이 접근방식의 특징을 보여주기 위한 경험적 사례로 이 챕터를 마무리한다.

설치 이론

설치 이론은 사회-기술 시스템을 일련의 분석 단위인, '인간이 예측 가능한 방식으로 행동할 것으로 기대되는 구체적, 국부적, 사회적 환경으로 개념화할 수 있게 한다. 또한 개인의 행동을 지원하고 사회적으로 통제하는 동시에 일련의 구성요소로 이루어져 있다'(Lahlou, 2017). 설치 이론은 세 계층 사이의 긴장 속에서 일상적인 목표 지향적 인간의 행동을 설명하는 데 관심을 두고 있다: 개인의 구체화된 역량(예: 동기, 감정, 인식, 인지, 재주, 지식 및 기술), 사회적 요인(예: 조직 및 사회적 규칙, 다른 구성원의 피드백), 그리고 물질적 행동 유도성(예: 공간 배치, 자원의 가용성). 세 가지

9. 현장에서 실행되는 의약품 조제의 이해 – 개념적 모델과 경험적 접근법의 결합

계층에 분산된 구성요소가 결합하여 현장에서 인간의 행동을 분류하고 전달한다. 각 계층은 다소 중복되기 때문에, 장치는 유연하다: 서로 다른 계층이 서로를 보완할 수 있다. 예를 들어, 특정 장치를 작업에 사용할 수 없는 경우, 간호사는 다른 위치에서 장치를 가져오거나(물리적 보상), 다른 절차를 사용하기로 결정하거나(규정 계층에 대한 보상), 해당 장치 없이도 일반적으로 수행하는 작업을 수행하려고 시도할 수 있다(구체화된 역량을 사용한 보상). 따라서 설치 이론은 체계적인 방식으로 전개되는 실제 작업을 설명하는 데 유용한 관점을 제공한다.

데이터 수집을 위한 혁신적 실증방법으로 주체 중심, 비디오 기반의 문화기술

우리는 1인칭 시점의 비디오 문화기술을 이용하여 피험자의 활동을 추적하면서 행동의 결정 요인을 설명하기 위해 설치 이론을 사용할 수 있다. 피험자 증거기반 문화기술(SEBE: Subjective Evidence- based Ethnography) 기법은 두 가지 데이터 스트림을 결합한다(그림 9.1 참조).

[사진 9.1]
피험자 중심, 비디오 기반 문화기술의 두 가지 데이터 스트림(1-왼쪽). 완료된 작업기록과 재생 인터뷰녹취(2-오른쪽). (Peter Dieckmann, Marianne Hald Clemmensen, Saadi Lahlou 제공.)

먼저, 참여자(예: 간호사)는 안경에 착용한 소형 카메라('서브캠')로 자신의 실제 업무수행 과정을 녹화한다. 각 참가자는 자신의 녹화물을 검토하고 프로젝트팀이 녹화물을 봐도 되는지 여부를 결정한다. 동의한 경우, 팀은 프로젝트 목표와 관련된 업무를 선택한다. 두 번째 회의에서는, 녹화된 내용을 참가자들과 논의하고, 참여자들은 자신의 행동에 대한 고려 사항, 감정 및 기타 과정을 설명한다. 이 두 번째 데이터 스트림인 '재생 인터뷰' 또한 녹화된다(그림 9.1). 이 접근방식은 행동(처신)에 대한 기록과 주관적인 평가, 근본적인 인식 및 고려 사항에 대한 기록을 결합한다. 신뢰 구축과 데이터의 윤리적 문제를 고려하는 것이 중요하다(Dieckmann & Lahlou, in press; Lahlou, Le Bellu, & Boesen-Mariani, 2015). 추가 자료(예: 문서, 스크린숏, 의약품 패키지)를 식별하여 분석에 포함할 수 있다.

9. 현장에서 실행되는 의약품 조제의 이해 – 개념적 모델과 경험적 접근법의 결합

이 방법에는 한계가 있다. 카메라 시야 밖에서 이루어진 행동과 요소(예: 규정)는 다른 데이터 경로를 통해 수집하여 분석에 포함해야 한다. 재생 인터뷰에는 고유한 역학 관계가 있으며, 인터뷰와 데이터 분석과정 전반에 걸쳐 편견이 드러날 수 있다. 이러한 편견의 영향을 줄이려면, 참여자가 연구의 목적과 다양한 데이터 흐름을 자세히 이해하도록 하는 것이 도움이 된다. 참여자의 사건에 대한 해석을 자주 확인하고, 동의하지 않을경우 연구자의 해석을 거부할 수 있도록 보장하면 편견을 어느 정도 상쇄할 수 있다.

사례 예시

덴마크 수도에 위치한 대형병원 두 곳의 병동에서 의약품 조제 과정을 기록했다. 우리는 개념적 틀과 실증적 방법의 가능성을 보여주기 위해 나중에 스틸컷을 제시한다. 참여자들에게서 프로젝트 데이터 공개에 대해 사전에 동의를 받았다.

그림 9.2는 다양한 과정의 단계를 기록하는 방법과 기록 관점이 어떻게 실제일에 대한 통찰력을 제공하는지 보여준다: 어떤 단계가 어떤 순서로 수행되는지, 어떤 설비가 어떤 방식으로 사용되는지 또는 서로 다른 사람들이 유사하면서도 다른 방식으로 작업을 수행하는지에 대한 것들을 보여준다. 재생 인터뷰는 어떤 인식과 고려 사항이 작업을 이끄는지에 대한 통찰력을 제공한다: 어떤 목표를 달성하려 하며 무엇을 회피하려 하는가? 참가자들은 자신의 인식이 조

제IV부 경계의 경험

제 작업의 그다음 하위 단계로 이동하도록 유도하는지, 어디서 더 많은 정보를 수집하는지, 하위 단계의 완료 여부를 확인하기 위해 어떤 정보를 조사하는지 등을 설명한다. 계층과 상호작용을 갖춘 설치 이론은 체계적인 방식으로 인터뷰를 안내할 수 있다. 다음 스틸 컷에서 이 접근방식의 분석적 가치를 확인할 수 있다.

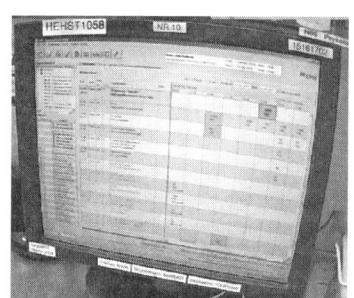
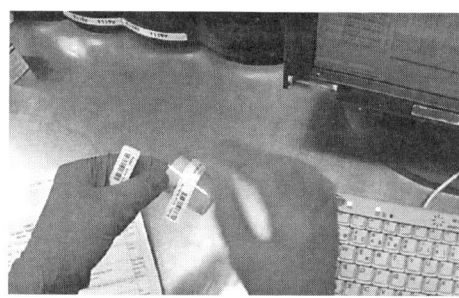
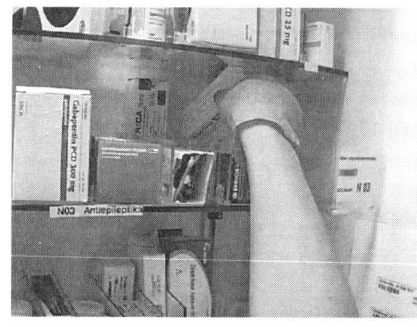

[사진 9.2]
간호사의 관점에서 본 조제용 의약품 준비. 프로그램(왼쪽 위)은 각 환자에게 어떤 약을 투여해야 하는지 알려준다. 간호사는 특정 환자 바코드 라벨이 부착된 환자별 용기를 만들고(오른쪽 위), 선반에서 약상자를 가져와(왼쪽 아래), 바코드 리더기를 사용해 육안으로 확인한 후 필요한 복용량을 환자용 컵에 담는다(오른쪽 아래)(Peter Dieckmann, Marianne Hald Clemmensen, Saadi Lahlou 제공.)

9. 현장에서 실행되는 의약품 조제의 이해 – 개념적 모델과 경험적 접근법의 결합

그림 9.3은 실제 프로세스에 여러 정보원과 이를 기록하는 방법(다양한 목적으로 사용되는 프로그램 화면과 서면 목록)이 포함된다는 것을 보여준다. 정보는 물리적 계층의 여러 부분에 분산되어 있으며 간호사는 정보를 적절히 활용하기 위해 자신의 지식을 사용해야 한다. 재생 인터뷰 중에 참가자들은 서면 목록의 기능이 프로그램에 반영되지 않아 서면이 필요한 프로그램 시스템의 문제를 설명한다. 이는 조직 차원에서, 임상 진료의 어떤 측면에 우선순위를 두는지를 나타낸다. 비디오 녹화와 재생 인터뷰를 결합하여 일상 업무에서 당연하게 여겨지는 요소들을 전면에 내세우면 의식적으로 반영 대상이 될 수 있다. 참여자는 자신의 역량(그리고 그 안에 있을 만한 격차)을 더 잘 인식할 수 있고, 자신의 업무가 실제로 얼마나 많이 상황 밖의 사람들과 다른 주체가 내린 결정에 의해 현재 서로 얽혀 있고 영향을 받는지 확인할 수 있으며, 물리적 계층이 자신의 업무에 실질적으로 어떤 영향을 미치는지 인식할 수 있다.

그림 9.4는 설치의 여러 계층이 서로를 보완할 수 있는 한 가지 방법을 보여준다. 약물 트레이 섹션에는 번호가 매겨져 있다. 숫자는 방 번호(첫 번째 숫자)와 그 방의 침대 위치(두 번째 숫자)에 해당하며; 따라서 7-2는 7번 방의 두 번째 침대를 나타낸다. 트레이는 작은 약컵에 최적화되어 있다. 후자는 처방에 따라 섭취 시간을 표시하기 위해 색상으로 구분되어 있다. 일부 제품(예: 대형 포장, 수액)은 표준 크기의 칸에 맞지 않으므로 조제 간호사는 이러한 제품이 누구를 위한 것인지 기록하고 기억할 수 있는 방법을 찾아야 한다. 간호사는 물리적 계층의 한계를 자신의 능력으로 보완해야 한다.

절차에 따라 각 약컵은 뚜껑으로 닫아야 한다. 이 사례에서는 지커지지 않았다(그림 9.4). 간호사는 절차를 위반했다는 비난을 받을 수도 있지만, 재생 인터뷰에서 간호사는 '10분 이내에 모든 약을 정확하게 조제하는 것'이 가장 중요한 목표라고 밝혔다. 기록에는 목표의 시간적 측면을 훼손하는 상당 수의 지연이 나타난다.

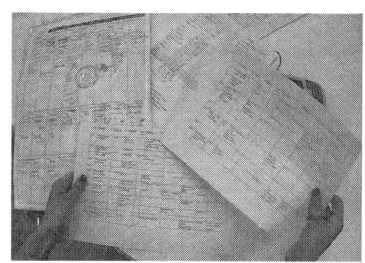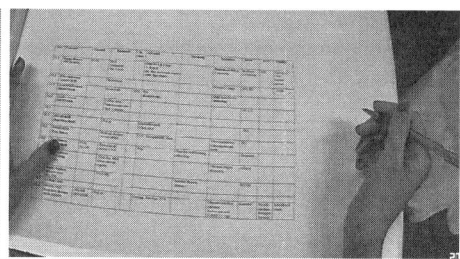

[사진 9.3]

간호사-환자 기록지(왼쪽). 의약품 재주문 시트(오른쪽). (Peter Dieckmann, Marianne Hald Clemmensen, Saadi Lahlou 제공.)

[사진 9.4]

약물 트레이는 방과 침대 위치를 나타내는 섹션으로 나뉘어져 있다(예: 7-2). 일부 약품은 섹션에 맞지 않는다. 왼쪽 상단의 큰 상자와 하단의 수액 확인요망. (Peter Dieckmann, Marianne Hald Clemmensen, Saadi Lahlou 제공.)

9. 현장에서 실행되는 의약품 조제의 이해 – 개념적 모델과 경험적 접근법의 결합

뚜껑을 닫지 않는 것은 필요한 효율성과 완벽성의 절충점을 위해 시간을 벌기 위한 전략이다(Hollnagel, 2009). 간호사는 목표를 달성하는 최선의 방법을 판단한다. 다른 우선순위와 일치하지 않는 목표는 재생 인터뷰에서 명확해질 수 있으며 절충점을 찾아야 할 수도 있다.

사진 9.5는 하위 단계의 변화를 보여준다. 다양한 손 위치는 개개인마다 유사한 작업을 다양한 방식으로 해결하는 방법을 보여주며, 이는 다양한 효율성 수준에 해당할 수 있다. 어떤 경우든 개개인의 기록은 정상적인 실행 과정을 보여준다. 보건의료의 많은 영역에서, 사람들은 의식적인 반영없이 동일한 업무를 다른 방식으로 실행한다. 개인, 부서, 직업 또는 학문으로서 자신만의 업무수행 방식을 넘어서는 시각을 가지면 전문직과 기타 경계를 극복하는 관련성을 파악하는 데 도움이 될 수 있다. 이를 실제로 적용하는 구체적인 방법은 그룹 환경에서 수행한 기록을 사용하여 동료의 업무에 대한 귀중한 통찰력을 이끌어낼 수 있다(Iedema, Mesman, & Carroll, 2013).

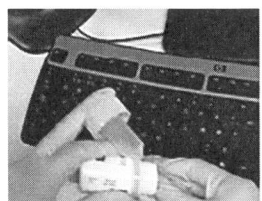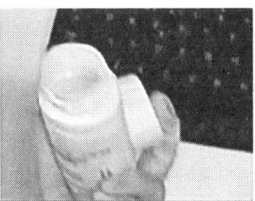

[사진 9.5]
일상 업무의 변동성을 보여주는 예시. (Courtesy of Peter Dieckmann, Marianne Hald Clemmensen, Saadi Lahlou.)

제IV부 경계의 경험

토론 및 결론

SEBE 기법을 사용하면 실제 업무 시스템에서 실행된 작업에 대한 현실적인 시각을 얻을 수 있다. SEBE 기법은 설치 계층과 관련 측면, 보완 메커니즘 및 일상 업무의 규칙적인 변화를 파악하는 데 도움이 될 수 있다. 다양한 데이터 흐름, 서브캠 녹화 및 재생 인터뷰 녹화를 결합하여 기본 인식 및 틀과 함께 행동에 대한 설명을 종합한다. 이 기술을 사용하면 유사한 작업에 대한 다양한 접근방식을 식별할 수 있고, 사회-기술시스템의 다양한 요소를 강조하며, 여러 계층 간 설치의 보완 메커니즘을 밝힐 수 있다. 또한 설치의 약점을 정확히 찾아내고 피험자가 실제 업무에서 이러한 한계를 어떻게 관리하는지 밝히는 데 도움이 될 수 있다.

그러나 SEBE 기법에도 한계가 있다. 예를 들어, 비디오에서 모든 관련 요소를 볼 수 있는 것은 아니므로 재생 인터뷰에서 누락될 수 있으며, 녹화된 개인의 수행이 그 개인 업무를 대표하는 사례가 될 수도 있고 그렇지 않을 수도 있으며, 녹화로 인해 업무의 일부 측면이 바뀔 수도 있다. 그러나 일시적 기억을 효과적으로 자극하여 인지 과정에 대한 상세한 설명을 생성하는 SEBE의 능력은 다른 각도에서는 포착하기 어려운 참가자의 관점에 대한 상세한 통찰력을 제공하고 완료된 작업에 대한 성찰을 유발한다는 점에서 큰 잠재력을 가지고 있다. 또한 참가자는 전문적 경계를 넘어 동료의 업무를 관찰할 수 있게 한다.

조사된 사례에서, 조제 업무를 수행하기 위해서는 다양한 시스템

9. 현장에서 실행되는 의약품 조제의 이해 - 개념적 모델과 경험적 접근법의 결합

이 필요하다는 것이 분명해졌다. 간호사는 다양한 수준의 시설에서 이러한 시스템을 다루고 물질적, 조직적 차원의 단점을 지속적으로 보완하는 것이 중요하다. 예를 들어, 약품 용기를 다룰 때 필요한 신체적 기민함을 조사함으로써 개인 수준의 다양한 접근방식을 입증할 수 있다. 또한 이 방법을 통해 간호사의 업무에서 부분적으로 상충하는 목표(시간 대 안전)와, 목표의 모순을 해결하기 위한 간호사의 노력을 명확히 파악할 수 있었다. SEBE 기법은 보건의료 환경에서 개인 및 집단 차원의 현실과 설계된 여러 경계를 넘나드는 경향이 있다.

참고문헌

Andersen, S. E. (2010). Drug Dispensing Errors in a Ward Stock System. Basic & Clinical Pharmacology & Toxicology, 106(2): 100-105.

Berman, A. (2004). Reducing Medication Errors Through Naming, Labeling, and Packaging. Journal of Medical Systems, 28(1):9-29.

Berman, R. S. (1969). New Methods of Packaging Drugs Help Reduce Medication Errors. Modern Nursing Home, 23(6):50-57.

Cohen, M. (1994). Medication Errors: Versed Packaging—Newer Isn't Better. Nursing, 24(7):19.

Cohen, M. R. (1993). Drug Alert: Packaging Leads to Fatal Errors. Nursing, 23(10):17.

Cohen, M. R. (2002). Medication Naming, Labeling, and Packaging. American Journal of Health-System Pharmacy, 59(9):876–877.

Dieckmann, P. & Lahlou, S. (in press). Visual Methods in Simulation-Based Research. In D. Nestel, J. Hui, K. Kunkler, et al. (Eds.), Healthcare Simulation Research: A Practical Guide. Cham, Switzerland: Springer.

Emmerton, L. M. & Rizk, M. F. (2012). Look-alike and Sound-alike Medicines: Risks and 'Solutions'. International Journal of Clinical Pharmacy, 34(1):4–8.

Hoffman, J. M. & Proulx, S. M. (2003). Medication Errors Caused by Confusion of Drug Names. Drug Safety, 26(7):445–452.

Hollnagel, E. (2009). The ETTO Principle: Efficiency-Thoroughness Trade-Off: Why Things That Go Right Sometimes Go Wrong. Burlington, VT: Ashgate Publishing.

Hollnagel, E. (2014). Safety-I and Safety-II: The Past and Future of Safety Management. Farnham, UK: Ashgate Publishing.

Hollnagel, E. (2017). Safety-II in Practice: Developing the Resilience Potentials. New York, NY: Routledge.

Iedema, R., Mesman, J., & Carroll, K. (2013). Visualising Health Care Practice Improvement: Innovation from Within. London, UK: Radcliffe Publishing.

9. 현장에서 실행되는 의약품 조제의 이해 – 개념적 모델과 경험적 접근법의 결합

Lahlou, S. (2017). Installation Theory. The Societal Construction and Regulation of Behaviour. Cambridge, UK: Cambridge University Press.

Lahlou, S., Le Bellu, S., & Boesen-Mariani, S. (2015). Subjective Evidence Based Ethnography: Method and Applications. Integrative Psychological and Behavioral Science, 49(2):216-238.

Lisby, M., Nielsen, L . P., & Mainz, J. (2005). Errors in the Medication Process: Frequency, Type, and Potential Clinical Consequences. International Journal for Quality in Health Care, 17(1):15-22.

Patel, N., Desai, M., Shah, S., & Ghandi, A. (2016). A Study of Medication Errors in a Tertiary Care Hospital. Perspectives in Clinical Research, 7(4):168-173.

Poon, E. G., Cina, J. L., Churchill, W., Patel, N., Featherstone, E., Rothschild, J. M., ⋯ Gandhi, T. K. (2006). Medication Dispensing Errors and Potential Adverse Drug Events Before and After Implementing Bar Code Technology in the Pharmacy. Annals of Internal Medicine, 145(6):426-434.

Schulmeister, L. (2006). Look-alike, Sound-alike Oncology Medications. Clinical Journal of Oncology Nursing, 10(1):35-41.

제Ⅳ부 경계의 경험

10 수술실의 통합적 현장 관리: 경계와 협조의 역할

Sudeep Hegde
University at Buffalo

Cullen Jackson
Harvard Medical School

【목차】

시스템 해설 ··· 173
수술실 매니저의 역할 ·· 173
수술실의 의사소통 인프라 및 패턴에 대한 일반적인 해설 ········ 175
연구 ·· 176
연구 결과 ··· 177
통찰: 자원으로서의 경계, 제약으로서의 경계 ······················· 178
   기능적 경계 ··· 179
   시간적 경계 ··· 180
   물리적 경계 ··· 182
   계층구조적 경계 ·· 183
수술 전후의 스태프 관점 ··· 183
   포괄적인 환경에서 FM에 대한 의존도 ···························· 184
   임상 자원으로서의 FM ··· 184
   계획에 대한 신속한 의사소통 ·· 185
   현장의 여러 우선순위 균형 맞추기 ································· 185
수술실 관리의 레질리언스 강화를 위한 시사점 ····················· 186
결론 ·· 188
감사의 말 ··· 189
참고문헌 ·· 189

10. 수술실의 통합적 현장 관리: 경계와 협조의 역할

시스템 해설

'수술 전후' 환경은 수술의 주요 세 단계에 대한 단위로 구성된 통합 치료 시스템에 사용되는 용어: 수술 전(pre-operative), 수술 중(intra-operative), 수술 후(post-operative). 각 단계에는 외과 전문의, 마취과 전문의, 간호사, 마취 간호사 및 레지던트 등 여러 의료진 그룹 간의 업무, 자원 및 정보 조율을 포함한다. 수술 전후 환경에는 내재된 동적 변동성이 있으며, 수술 건수, 스태프 가용성 및 사례의 중증도 변화에 반영되는 경우가 많다. 따라서 수술실(OR)의 전체 일정을 모니터링, 조절 또는 조정해야 하며, 제한된 인적 자원을 전체 수술실에 적절히 편성해야 한다. 특히, 마취과 전문의는, 공유 자원으로, 한 명의 마취과 전문의가 최대 3개의 수술실에 동시에 배치되어 각각 마취과 레지던트 또는 마취전문 간호사와 함께 근무할 수 있다. 그런 의미에서, 이들의 가용성은 케이스 별로 진행하거나 하루 중 추가 케이스를 예약하는 데 있어 OR 팀에게는 제한적 요소이다.

수술실 매니저의 역할

수술 전후 치료 자원 및 일정 관리의 핵심에는 수술실 현장 매니저(FM)의 역할이 있다. FM은 일반적으로 수술실 전체의 여러 수술실 간 마취 인력을 조정하는 마취과 전문의가 그 역할을 한다. FM은 '추가'(수술 당일 또는 전날 '대기자 명단'에 추가된 수술) 예약을 포함하여 스태프 배치, 자원 분배 및 일정 조정과 관련된 결정을 내린다.

제IV부 경계의 경험

　주로 마취과 스태프와 관련이 있지만, FM의 결정은 수술과 간호에도 영향을 미친다. 이는 FM이 수술 전후 시스템 전반의 일반적인 수술 흐름을 감독하는 유리한 입장에서 제약 조건 및 활용 기회, 케이스 진행 상황 및 시스템 역량 등을 포함한 전체 시스템 상황을 관찰할 수 있는 기회가 있기 때문이다. 따라서 그들은 수술 전후 환경의 특징인 물리적, 기능적, 계층적 경계를 넘어 조율하는 데 상대적으로 유리한 위치에 있다. FM은 수술실 전체 관리 외에도 수술실에 상주하는 감독 레지던트 또는 마취 간호사로 배정되기도 한다. 표 10.1에서 볼 수 있듯이, FM의 역할은 수술실 전체의 요구 사항을 모니터링하고 대응하는 것과 자신의 환자를 돌보는 데 주의를 기울여야 하므로 더욱 어려워진다.

〈표 10.1〉 수술실 FM의 업무 및 우선순위

하루 중 단계별 업무/우선순위	하루 중 단계별 포괄적인 업무/우선순위
사전 준비/시작 (오전 6시 45분 – 7시 30분) • 야간 근무자로부터 '인수인계' • 모든 수술 정시 시작 보장 **오전 (오전 7시 30분 – 오전 11시)** • 스태프 휴식시간 커버 • 활용도 극대화: '수술실 준비' **오후 (오후 12시 – 오후 3시 30분)** • 스태프 점심시간 커버 • 수술실 및 간호 인력감소에 대비한 계획 수립 **교대근무 종료 (오후 3시 30분 – 오후 5시)** • 스태프 휴식시간 커버 • 스태프 정시퇴근 보장 • 저녁 근무자에게 인수인계	• 추가 수술 예약(및 수술실 할당) • 최단 시간 내 최대한 많은 케이스 처리 • 스태프 업무량 관리 – 휴식시간 제공; 늦게까지 근무하지 않도록 지원 • 수술 전반에 걸쳐 마취담당 스태프 배정 • 임상적 지원제공 • 적절한 스태프가 하위 전문분야 커버 • 응급상황 대응

10. 수술실의 통합적 현장 관리: 경계와 협조의 역할

수술실의 의사소통 인프라 및 패턴에 대한 일반적인 해설

FM은 수술 전후 환경에서 여러 의료진 그룹과 다양한 위치에서 소통하고 조율해야 한다(그림 10.1 참조). 수술 진행상황을 모니터링하는 데 사용되는 핵심 도구는 수술 일정 게시판이며, 전자형식과 수기형식이 있다.

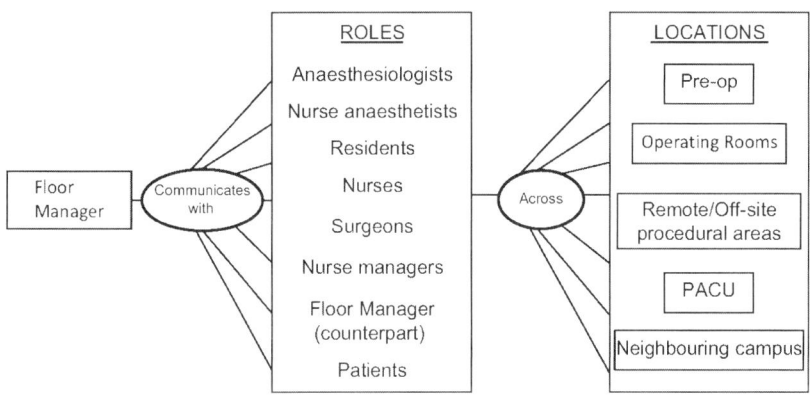

[그림 10.1]
다양한 위치에서 소통하고 조율하는 FM과 다양한 의료진 그룹.

일정 게시판에는 현재 예약되어 있거나 예약 대기 중인 모든 수술 사례를 볼 수 있으며, 수술 시작 및 (예상) 종료 시각, 그리고 각 케이스 별로 배정된 외과의사, 간호사 및 마취의 이름이 적혀있다. 이 게시판은 예상 시간, 일정(예: 취소) 및 의료진 배정의 변경 사항을 반영하기 위해 지속적으로 업데이트된다. 케이스 간 의료진 교체,

추가 사항 삽입 등 FM이 변경한 모든 사항이 게시판에 반영된다. 결과적으로, 일정 게시판은 수술 전후 시스템의 모든 관계자가 공통으로 참조할 수 있는 기준점 역할을 한다. 예를 들어, 수술실의 간호사는 배정된 수술실의 현재 케이스의 진행 상황에 따라 다음 환자의 수술 준비를 언제 해야 할지 결정할 수 있다. 그러나 일정 게시판은 수술 전후 시스템의 역동적 상태를 완벽하게 반영하지 못한다. 실제로, FM은 기능(예: 임상, 관리), 위치(예: 수술실, 마취 후 회복실, 대기실, 다른 캠퍼스 등), 시간(예: 수술시간, 교대근무 종료시간) 등을 포함하여 경계를 넘는 정보를 검색하며, 업데이트하고 전달하는 복잡한 소통의 중심에 있다. FM은 지속적인 소통을 통해 운영의 흐름과 변화를 모니터링하고 자원을 조정한다.

연구

연구는 두 개의 인접한 병원 '동부캠퍼스'와 '서부캠퍼스'에 각각 약 25개의 마취실(주 수술실 및 시술실)이 있는 대형 종합병원에서 진행되었다. 동부캠퍼스는 수술 시간이 짧고 난이도가 낮은 더 많은 케이스를 처리하고, 서부캠퍼스는 수술 시간이 길고 난이도가 높은 더 적은 케이스를 처리한다. 각 캠퍼스에는 자체 FM이 있으며, 주중에는 매일 다른 FM이 배정된다. 두 명의 FM은 마취과에서 FM으로 선정한 18명의 마취과 전문의 풀에서 몇 주 전부터 매일의 스케줄이 정해진다.

10. 수술실의 통합적 현장 관리: 경계와 협조의 역할

　수석 저자는 FM을 대상으로 15회의 관찰 겸 인터뷰를 실시했다. 연구를 위한 FM 선정은 가능한 한 많은 FM과 함께 관찰을 수행하고 두 캠퍼스 모두에서 관찰을 혼합하여 수행하기 위해 임상 일정을 기반으로 기회 감염성(opportunistic)을 고려하여 이루어졌다. 몇몇 FM은 두 캠퍼스에 근무하기 때문에 가능하면 두 캠퍼스 모두에서 관찰 자료를 수집하려고 노력했다. 데이터 수집의 초점은 FM의 목표와 목적, 관련된 작업과 정보 흐름, 직면한 일반적인 문제와 우려 사항, 목표 달성에 사용되는 전략을 이해하는 것이었다. 또한, FM의 역할이 작업 흐름에 어떤 영향을 미치는지 '그들의 입장'을 파악하기 위해 수술 전후 스태프들과 포커스 그룹의 인터뷰를 실시했다. 이 그룹에는 마취과 전문의, 레지던트, 마취 전문 간호사 등이 포함되었다. FM 참가자들의 경력은 1개월부터 40년 이상까지 다양했으며, 평균 근무 기간은 15년이었다. 수술 전후 환경의 다양한 부분에 걸친 모니터링, 예측 및 조정을 위한 전략을 포함하여 현장관리 관점에서 효과적인 치료제공에 대한 과제 및 이를 가능하게 하는 요소와 관련된 새로운 주제를 파악하기 위해 데이터의 내용 분석을 수행하였다.

연구 결과

다음은 이후에 논의되는 주제를 강조하기 위한 시나리오에 대한 설명이다.

제Ⅳ부 경계의 경험

> **시나리오**
>
> 오전 7시: 교대근무 시작 – 서부 캠퍼스의 FM이 당일 수술실 일정과 자원을 검토한다. 마취과 전문의 중 한 명인 앤(Anne)이, 경미한 허리 부상으로 인해 조기 취소를 요청했다. 모든 수술실에는 수술이 예정되어 있다. 어떤 수술실에도 배정되지 않은 '스케줄 없는' 마취과 전문의는 한 명뿐이며, 휴식시간 등의 백업으로 배정할 수 있다.
> 오전 10시 13분: 경식도심장초음파검사(TEE)가 병원 내 원격으로 대기 중이다. 응급상황은 아니며 검사 시간은 짧을 것으로 예상된다. FM은 TEE 케이스에 '스케줄 없는' 스태프를 보낼 수도 있지만, 수술실의 다른 마취 전문의에게 휴식을 주기 위해 그 스태프를 보내지 않는다.
> 오전 10시 44분: 동부-FM이 서부-FM에게 백업이 필요하다고 도움을 요청한다. FM은 오늘 추가 백업 인력이 없으며 현재로서는 지원해 줄 수 없다고 전달한다.
> 오후 1시 05분: 마취과의사 앤은 6번 수술실에서 일찍 수술을 마쳤다. FM은 앤이 일찍 퇴근할 수 있도록 정오에는 끝날 것으로 예상되는 12번 수술실 팀이 앤의 퇴근 후 그 수술실을 인계받도록 했다. 계획/예상대로 일이 진행되었다. TEE 케이스는 소요 시간이 짧고 힘들지 않을 것으로 예상되므로 FM은 앤을 그 케이스에 배정했다. 그는 TEE 담당자에게 전화를 걸어 알려준다. 그러나, 이미 마취 전문의 없이 마무리된 것으로 밝혀졌다. FM은 앞서 동부 캠퍼스의 백업 요청을 염두에 두고 앤에게 대신 동부 캠퍼스로 가서 도움을 주도록 요청했다. 이어서 FM은 동부-FM에게 전화를 걸어 지원을 위해 스태프를 보낼 것이지만 허리에 문제가 있어 빨리 퇴근해야 한다고 알려준다. 동부-FM은 고맙게도 이에 동의한다.

통찰: 자원으로서의 경계, 제약으로서의 경계

이전 시나리오에는 FM이 설명한 상황을 관리하는 데 사용하는 전

10. 수술실의 통합적 현장 관리: 경계와 협조의 역할

략과 수단에 영향을 미치는 중요한 역할을 하는 몇 가지 경계가 소개되었다. 여기서는 소개한 몇 가지 범주의 경계를 식별하고 이 특정 시나리오를 넘어서는 상황에서 이에 대해 논의한다. 일부 상황에서, 경계는 FM이 계획하고 자원을 배정해야 하는 제약을 나타낸다. 다른 상황에서는, 경계가 기능과 인력의 자원을 정리하고 질서를 유지하는 방법이기도 하다. 경우에 따라, FM은 특정 우선순위를 달성하기 위해 일시적이기는 하지만 새로운 경계를 만들 수도 있다. 내용분석을 통해 생성된 주제 중에 식별된 경계를 다양한 역할을 수행하는 통합적인 현장관리 측면에서 논의한다.

기능적 경계

이 시나리오에서 FM은 응급상황이 아닌 케이스를 위해 스케줄 없는 마취과 전문의를 원격지에 투입하는 것을 보류하고 대부분의 케이스를 수행하고, 응급상황이 발생하면 가용 자원에 부담을 줄 수 있는 현장에서 다른 마취 요구사항을 즉시 지원할 수 있는 가용성을 확보했다. 이는 FM이 업무량 증가를 예상하여 충격흡수를 확보하기 위해 자원 배정에 경계를 설정한 사례이다. 또는 FM이 나중에 경계를 인식하고 주요 자원을 확보함으로써 선제적인 조치를 취했다는 증거로 해석할 수 있다. 이러한 경계를 설정함으로써 FM은 백업 의료진을 활용하여 장시간/고응급 환자의 케이스에 관여하는 의료진에게 휴식을 제공하거나 지원함으로써 수술실 마취 전문의의 업무량 관리를 사전에 조율할 수 있었다.

반면 경계는 자원과 유연성을 제한할 수 있다. 예를 들어, 간 이식과 같이 전문 마취 인력이 필요한 응급하거나 고난이도 케이스의 경우, 해당 케이스에 적절한 자원을 할당해야 하는 기능적 제한이 있다. 따라서 FM은 케이스별 전문 의료진의 가용성을 우선적으로 고려해야 한다. 이로 인해 다른 케이스에 스태프를 배정하는 데 제약이 발생하고, 일반적으로 어떤 케이스를 언제 처리할 수 있을지가 결정된다. 스태프들은 건강이나 개인적 또는 기타 사유로 인해 병가를 내거나 자리를 비우는 경우가 상당히 자주 발생한다. 따라서, 완전히 예상치 못한 것은 아니지만, 이러한 잠재적인 기능적 제한은 FM의 계획이나 적응 전략에 반영되어야 한다. 이 시나리오에서, FM은 특정 의료진 중 한 명인 앤이 허리 부상으로 인해 업무에 참여할 수 없는 상황에 직면했다. 그러나 이 경우, FM은 앤을 잠시 동부 캠퍼스에 지원하도록 파견함으로써 기능적 경계를 '확장'하는 동시에, 동부 캠퍼스 담당자에게 앤이 조기 퇴근해야 한다고 알림으로써 그녀의 상태에 공감대를 형성했다.

시간적 경계

당일 수술일정과 마취 담당 전문의의 배정(교대시간 포함)은 수술 전날 정해진다. 이는 FM이 일정 변경 및 스태프 재배치를 조정할 때 고려해야 할 주요 제약사항이다. 그러나, 이러한 경계는 하루 동안 여러 위치, 케이스 및 스태프에 따라 상당히 달라질 수 있으며, 수술 전후 환경의 복잡성을 가중시킬 수 있다. 이러한 변화하는 경

10. 수술실의 통합적 현장 관리: 경계와 협조의 역할

계특성은 FM에게 제약과 기회를 동시에 제공한다. 예를 들어, 예정보다 일찍 끝나는 케이스는 추가 지원이 필요할 수 있는 영역에 투입할 수 있는 인력을 확보하거나, 신체적, 정신적으로 더 힘든 케이스를 진행하는 동료에게 휴식을 제공하고 부담을 덜어줄 수 있다. 시나리오에서 참석 의료진인 앤은 6번 수술실에서 자신이 맡은 케이스를 일찍 끝냈기 때문에 그녀를 동부 캠퍼스로 파견할 수 있었다. 그러나 케이스가 예정보다 늦게 끝나면, 가용 자원이 수용 능력에 맞게 늘어나더라도, 지연되거나 예정되지 않은 수술 간의 자원 경쟁이 심화된다. 이는 결국, 하루 동안 예약할 수 있는 추가 케이스의 수가 줄어들기 때문에, 수술 전후 시스템의 생산성에 부정적인 영향을 미친다. 이에 대응하기 위해 FM이 일반적으로 사용하는 전략은 불확실성이 적고 더 많은 자원(인력 배치, 사용 가능한 수술실)을 배정할 수 있도록 하루 중 이른 시간에 추가 수술을 적극적으로 예약하는 것이다. 일과의 후반부에 병목현상을 피하려면 자원이 감소하더라도 유연성을 유지할 수 있으므로, 더 많은 임시 케이스를 투입하거나 돌발 상황에 대응할 수 있는 역량을 유지할 수 있다.

 예정된 근무시간 내에 모든 수술을 완료하는 것이 이상적이지만, 적어도 일부 케이스는 스태프의 정규근무시간인 10시간 또는 12시간을 넘어 저녁 교대시간까지 '초과'하는 일이 거의 매일 발생한다. 이러한 기대치를 감안하여, 시스템의 '관리직'은 정규근무시간을 초과할 때 확실한 인력 가용성을 높이기 위해 시간적 경계에 '시차를 두는' 접근방식을 개발하였다. 이러한 시스템 중 하나는 정규근무시간(보통 오후 5시)보다 늦게 진행되는 케이스의 경우에 사용할 수 있도록 주간 근무조의 마취과 담당의 몇 명을 '초과근무 스태프'로 배정하는 것이다. 초과근무 스태프는 초과 1, 초과 2, 초과 3 등과 같이 계층화된 형태로 지정되며, 이는 각 스태프가 당일 퇴근하는 순서를 나타낸다. 예를 들어, 2명의 초과근무 스태프가 필요한 경우, 초과 2는 초과 1이 퇴근한 후 퇴근이 가능하다. 시간적 경계(의료진의 교대 근무시간)에 시차를 두는 이러한 시스템은 특히 하루의 근무시간이 끝날 무렵에 발생할 수 있는 지연 케이스에 대비하여 FM이 활용할 수 있는 체계적인 자원의 완충 역할을 제공한다.

물리적 경계

이 시나리오는 거의 두 블록 떨어진 다른 건물에 있는 동부와 서부 캠퍼스가 연관되어 있다. 시스템에 대한 조감도와 개인의 제약조건 및 우선순위에 대한 인식을 바탕으로, 이 FM은 동료(동부 캠퍼스 FM)의 요구에 대응하기 위해 우연히 앤(Anne)이라는 자원을 활용했다. 둘째, 서부 캠퍼스 내에서 경식도 에코테스트(transesophageal echo test) 케이스는 수술실 층과 다른 층에 있는 원격 위치에서 수행되었다. 또한, 마취의 대부분은 수술실이 차지하지만, 다른 층에 있는 방사선과, 전기생리학 연구실 등 마취의가 상주해야 하는 곳도 있다. 이 시나리오는 물리적 공간에 분산된 여러 위치에서 자원을 전달하고 조정하는 FM의 역할이 얼마나 중요한지 보여주는 사례로 구성되어 있다. FM의 글로벌 모니터링 및 조정 기능은 물리적 경계와 거리로 인해 서로 격리되어있는 수술 전후 환경의 다양한 부분

간 자원의 유동성을 높여준다.

계층구조적 경계

FM은 병원의 경영진이 정의한 장기적인 정책기반 기준(지원측/blunt end)과 현장 운영의 단기적(또는 즉각적) 요구사항(현장측/sharp end)을 조정하는 고유한 역할을 수행한다. 지원측 기준에는 수술실 활용도 및 효율성(예: 수술 완료 시간), 매일 완료해야 하는 수술 건수 및 다양한 품질의 지표(예: 수술 전 대기시간 최소화)가 포함된다. FM은 앞서 설명한 기능적 및 시간적 경계를 포함한 환경 내의 행동 유도성을 활용하여 이를 달성한다. 그러나 수술 전후 시스템의 복잡성을 고려할 때, FM의 역할은 수술실을 운영하는 조정자라기보다는 영향력을 주는 인플루언서로 보아야 한다.

수술 전후의 스태프 관점

우리는 인터뷰와 표본 그룹을 통해 수술 전후 의료진이 FM과 상호 작용을 하는 관점에 대한 통찰력을 얻고 이러한 상호작용이 업무 흐름에 어떤 영향을 미치는지 알아보고자 했다. 몇 가지 주요 통찰은 다음과 같다:

포괄적인 환경에서 FM에 대한 의존도

수술실이나 시술실의 의료진은 특정 위치의 케이스에 집중하기 때문에, 수술실 전체의 전반적인 제약조건과 우선순위를 완전하게 파악하지 못한다. 이로 인해 지연이나 일정 변경을 예상하거나 지원을 위해 서로 조율하는 데 한계가 있다. 따라서 그들은 수술 전후 시스템의 여러 부분에 영향을 미칠 수 있는 결정을 내리기 위해 수술실을 전체적으로 조감할 수 있는 FM에 의존한다. 예를 들어, 다른 구역에서 응급상황을 처리하는 동안 대체 인력이 필요한 의료진은 FM에게 연락하여 가능한 인력을 파악해야 한다.

임상 자원으로서의 FM

FM은 자신들도 마취과 전문의이기 때문에, 의료진을 자원으로 보는 경우가 많다. 이 의료진은 특정 환자의 마취 치료에 대한 임상적 지원이나 2차 소견을 제공하도록 요청받을 수도 있다. 그런 의미에서 FM은, 예를 들어 다른 케이스의 긴급상황에 대응하는 동료에게 도움을 줄 수 있는 자연스러운 여유 자원이 된다. 그러나 단일 임상 위치에 국한되면 다른 영역을 모니터링하고 적시에 대응하는 데 방해가 될 수 있으므로 구역(수술실 전체 수준), 임상 및 포괄적(다른 층 수준) 조정 목표 간의 절충점을 찾아야 한다. 많은 숙련된 FM은 임상 참여가 가능한 다른 마취 담당 의료진이 없을 때 최종 옵션으로 서비스를 제공하지만, 이들은 수술실에 있어야 할 필요성과 다른 층을 감독할 필요성을 비교하여 검토해야 한다.

10. 수술실의 통합적 현장 관리: 경계와 협조의 역할

계획에 대한 신속한 의사소통

시나리오에서 설명한 것과 같은 역동적인 수술 전후 환경에서는, 의료진 개개인에게 예상되는 일정 변경에 대한 알림을 일찍 전달할수록, 변경에 필요한 업무를 수행하고 개별 업무흐름을 조정할 수 있도록 더 잘 준비할 수 있다. 예상 상황을 일찍 전달하는 것의 중요성을 설명하기 위해, 마취과 간호사는 다음과 같이 설명했다: '계획을 전달하면(신속하고 조기에), 정신적으로 준비할 수 있을 뿐 아니라 환자 안전 측면에서도, 환자를 검토할 시간이 생긴다. 무엇보다 자신이 존중받고 있다는 느낌을 받을 수 있다'라고 설명한다. 반대로, 의사소통이 지연되면, 의료진에게 책임이 전가되어, 시간적 압박에 적응해야 하므로 잠재적으로 안전에 대한 여유가 좁아진다.

현장의 여러 우선순위 균형 맞추기

다양한 수술 전후 그룹에 걸쳐 여러 우선순위가 존재하기 때문에 종종 경쟁적인 압박이나 잠재적인 갈등을 야기하여 중재자로서 FM의 역할이 요구될 수 있다. 예를 들어, 외과 의사들은 하루에 수행되는 수술 건수를 최대한 늘리려고 노력하는 경우가 많다. 이러한 효율성 추구는 마취과 전문의를 비롯한 수술실의 다른 스태프에게 스트레스를 줄 수 있다. 이 경우, FM이 개입하여 상충하는 목표를 조정하는 방법을 찾는다 - 피곤한 마취과 전문의를 대신할 사람을 찾거나 추가 수술일정을 잡을 수 없다고 판단하여 외과의의 압박으로부터 그들을 보호할 수도 있을 것이다. 여러 위치의 서로 다른 그룹이

'수술실 내' 목표를 달성하기 위해 자원을 최적화하려고 노력할 때, FM은 보다 '포괄적' 목표에 맞춰 이러한 노력을 지원하거나 제한함으로써 규제자의 역할을 할 수 있다.

수술실 관리의 레질리언스 강화를 위한 시사점

수술실 관리의 레질리언스 강화는 스케줄의 병목현상을 방지하고 직원 및 환자의 치료요구 사항이 발생할 때 대응할 수 있는 충분한 자원과 적응력을 유지하는 것을 포함한다. 여기에는 능동적인 관측, 예측, 계획 및 의사결정이 포함되며, 이 모든 작업은 수술 전후 환경 전반에 걸쳐 다양한 그룹과의 소통을 통해 실시 된다. 겉보기에는 '정상'으로 보이는 현장의 상태가 여러 응급상황과 자원 부족으로 인해 복잡한 긴급상황으로 빠르게 바뀔 수 있다. 이러한 상황에서는, FM의 적응적 대응 역할이 강조된다. 그러나 '정상' 또는 '통제' 기능의 근간이 되는 자원의 여유와 같은 '상류(upstream)' 대책은 잘 드러나지 않는다(Ekstedt & Cook, 2015). 복잡한 네트워크에서 경계로 인해 분리된 사람, 프로세스, 정책 및 시설들의 레질리언트 역량은 소통과 조화를 통해 결집 된다. 이는 개인과 팀 간, 다양한 시간대에 걸친 소통 채널이 개방적이고 운영적이며 효과적이어야 함을 의미한다. 예를 들어, 일선 수술실 관리에서, 수술 전후 간호사가 환자를 떠날 수 있을 때까지 기다리는 것이 아니라 환자 옆에서 환자의 준비 상태가 지연될 가능성에 대해 즉시 FM에게 업

10. 수술실의 통합적 현장 관리: 경계와 협조의 역할

데이트할 수 있도록 하는 것을 의미할 수 있다.

이 챕터에서는 수술 전후 관리에서 다양한 경계의 범주와 역할을 확인했다. 다양한 전문의의 임상적 책임과 같이, 보다 엄격한 경계가 있는 반면, 그 외에도 본질적으로 일시적인 경우도 있다. 후자에는 단기적인 긴급 제약 및 자원(예: 케이스 취소, 보류 중인 케이스 일정 '확정' 이동)이 포함된다. 예상되는 경계와 예상치 못한 경계가 지속적으로 혼합되는 상황에서, FM은 필요에 따라 재배치, 이동 또는 조정할 수 있도록 가용 자원의 유동성을 어느 정도 유지하는 것이 중요하다. 시나리오에서 볼 수 있듯이, FM은 임상 환경의 요구사항을 충족하기 위해 기존의 경계를 해결하거나 새로운 경계를 만들기 위해 노력한다. 더욱이, 경계는 계획, 의사결정, 조정을 위한 기준점 역할을 한다는 점에서 수술실 관리에서 FM의 인지적 발판 역할을 한다(Clark, 1998). 이러한 경계에 대한 FM의 인식 수준은 수술 전후 시스템 전반의 자원 및 기능의 조력자이자 조정자로서의 효율성에 결정적 역할을 한다.

이 챕터에서는 통합 보건의료의 맥락에서 개인의 역할을 설명하지만, 개인의 레질리언트에 대한 연구는 아니다. 오히려 수술실 관리는 개인을 중심으로 한 체계적인 기능(또는 기능 집합)이다. 본 연구는 일반적으로 유연한 수술실 관리를 위한 시스템 차원의 지원 또는 정책을 설계하는 데 사용할 수 있는 FM 역할의 주요 측면을 요약한 것이다. 환자 수가 증가하고 케이스의 복잡성이 증가함에 따라 병원은 합리적인 안전 여유를 위태롭게 유지하며 효율성 요구를 충족하고 저비용 유지압박을 받고 있다(McGinnis, Stuckhardt, Saunders,

& Smith, 2013). 따라서, 이 연구의 이후 방향에는 수술 전후 팀과 FM 간의 효율적인 정보교환을 제한하거나 가능하게 하는 요인에 대한 연구가 포함될 수 있다. 현장의 경계에 대한 통찰력과 추가 일정 및 직원 배정 가능성을 이용하여 수술실 일정관리 관행을 알리는 틀을 개발할 수 있다. 이러한 노력 목표는 일정의 충돌 가능성을 최소화하거나, 반대로 수술 전후 시스템이 필요할 때 완충장치나 백업을 만들어내는 능력을 극대화하는 것이다.

결론

시스템 관점에서, FM의 역할은 수술 전후 환경에서 서로 다른 팀, 위치 및 부서 간의 소통과 조화의 격차를 해소하는 중요한 역할이다. 수술 전후관리는 기능적, 시간적, 물리적, 계층적 등 다양한 유형의 시스템적 경계를 극복하는 조화로 볼 수 있다. 또한 FM은 마취 스태프가 도움이 필요할 때 언제든 쉽게 접근할 수 있는 자연스러운 백업 자원의 역할도 한다. 일정 및 스태프 조정 결정을 내리고, 다양한 의료진 그룹과 협상할 때, 효율성, 처리량 및 안전과 같은 상충하는 목표 간의 절충점에 영향도 미친다. 통합적 관점에서, 일상적인 수술실 관리 측면에서 소통과 조화를 체계적으로 더 잘 지원할 수 있는 방법에 대한 추가 연구가 필요하다.

10. 수술실의 통합적 현장 관리: 경계와 협조의 역할

감사의 말

연구에 참여해 준 Beth Israel Deaconess Medical Center (Boston, MA)의 마취, 중환자 치료 및 통증의학과 스태프들에게 감사드린다. 특히 데이터 수집을 용이하게 하고 연구설계 및 데이터 통합에 중요한 통찰력을 제공해 준 수석 마취과 전문의인 Peter Panzica(MD)와 Philip Hess(MD) 및 수석 마취과 간호사인 Beth Coolidge(CRNA)에게 감사를 표한다.

참고문헌

Clark, A. (1998). Being There: Putting Brain, Body, and World Together Again. Cambridge, MA: MIT Press.

Ekstedt, M. & Cook, R. (2015). The Stockholm Blizzard of 2012. In R. Wears, E. Hollnagel, & J. Braithwaite (Eds.), Resilient Health Care, Volume 2: The Resilience of Everyday Clinical Work (pp. 59-74). Farnham, UK: Ashgate Publishing.

McGinnis, J. M., Stuckhardt, L., Saunders, R., & Smith, M. (Eds.). (2013). Imperative: Managing Rapidly Increasing Complexity. In Best Care at Lower Cost: The Path to Continuously Learning Health Care in America. Washington, DC: National Academies Press.

제IV부 경계의 경험

11 | 환자 유동 관리: 체계적, 상황 대응적 에스컬레이션 조치

Jonathan Back and Janet E. Anderson
King's College London

Alastair J. Ross
University of Glasgow
King's College London

Peter Jaye and Katherine Henderson
Guy's and St. Thomas's NHS Foundation Trust

【목차】

소개	191
배경	192
에스컬레이션이란 무엇인가?	192
NHS 에스컬레이션 정책	192
응급실의 체계화된 에스컬레이션 조치	193
계획변경을 위한 여유	195
에스컬레이션 정책은 단순히 서류상으로만 실행되나?	196
조직의 경계를 넘나드는 적응 역량 강화	197
사례 연구	198
사례 연구 1: 환자 유동 및 DCos	198
사례 연구 2: 협의된 동선 – 'Push'보다 'Pull'?	200
토론 및 결론	203
참고문헌	205

11. 환자 유동 관리: 체계적, 상황 대응적 에스컬레이션 조치

소개

환자 유동은 병원 내 치료 단계를 거치는 환자의 이동을 의미하기 때문에 경계를 넘나드는 효과적인 업무가 필요하다. 치료의 각 단계에는 조직의 경계를 넘어서는 협조가 필요하며, 충족해야 할 다양한 과제, 수행 목표 및 치료의 표준이 병원 내 다른 영역으로 이동할 수도 있다. 응급실을 통한 환자 유입은 환자 유동의 어려움으로 인해 다른 병동에 여유 병상이 없는 경우 문제가 될 수 있는 사례이다. 이 챕터에서는 환자 유동 압박에 효과적으로 대응하기 위한 전제조건에 대해 설명하고 조직의 경계를 넘어 유동을 관리하기 위해 발전한 두 가지 업무 실천 사례에 대해 논의한다. 그런 다음 환자의 유동 전환이 보다 잘 조율되고 더 효과적이며 지속 가능한 접근방식이 필요하다는 주장이 제시된다.

우리는 영국의 대형 NHS(National Health Service) 병원의 보건의료 레질리언스 응용 센터(Centre for Applied Resilience in Healthcare, Anderson et al., 2016a 프로토콜 참조)에서 수행한 작업을 성찰해본다. 레질리언스 엔지니어링에서 보건의료 업무는 항상 사전에 지정된 행동에 부합하기보다, 실제로 어떻게 수행되는지를 연구하는 데 관심을 기울인다(예: Wears, Hollnagel, & Braithwaite, 2015). 대신, 바람직한 결과를 달성하기 위해 스태프는 현장 적응과 목표 절충을 통해 압박과 문제점을 관리하는 적응력이 필요하다(Hoffman & Woods, 2011). 이러한 적응력을 연구함으로써, 모범 사례를 강화할 수 있을 것으로 생각된다(Hollnagel,

Pariès, Woods, & Wreathall, 2011).

배경

에스컬레이션이란 무엇인가?

NHS 전반에 걸쳐, 병원 진료에 대한 수요가 수용 능력을 초과하여 응급실에 환자 유동에 대한 압박이 발생하는 경우가 많다. 에스컬레이션은 수요가 증가하는 시점을 파악하여, 수행 목표와 치료 표준을 계속 충족할 수 있도록 노력을 강화하는 프로세스다. 이는 입원 환자 수를 줄이고 퇴원을 앞당기는 등 다양한 방법으로 시도될 수 있다. 응급실과 입원병동 내 처리 시간을 최적화하는 데 중점을 두고 있다. NHS 개선안(NHS Improvement, 2017)에 따르면, 에스컬레이션을 효과적으로 수행하려면 병원 전체의 대응이 필요하기 때문에 조직의 경계를 넘어 협력해야 한다. 에스컬레이션은 병원의 한 부서 또는 과에서 시작하지만, 때로는 성공적인 에스컬레이션을 위해서는 시스템 내 다른 부서에서 자원을 확보해야 하는 경우도 있다.

NHS 에스컬레이션 정책

모든 NHS 병원 단체에는 에스컬레이션의 발생 시기와 필요한 대응을 명시하는 에스컬레이션 정책이 있다. 이러한 정책은 실제 또는 예상되는 환자 유동 압박에 대응하여 정상적인 활동을 변경해야 할

때 시작된다. 시스템 상태에 따라 다음과 같은 다양한 에스컬레이션 수준이 제안된다:

- 녹색 – 조치가 필요하지 않은 경우;
- 황색 – 기존 자원을 재구성해야 하는 경우;
- 빨간색 – 추가 자원을 확보해야 하는 경우;
- 검정색 – 위기관리가 필요한 경우.

NHS에서 에스컬레이션 정책을 많이 사용하고 있음에도 불구하고, 조직 또는 환자의 경과에 미치는 영향에 대한 증거는 의외로 부족하다. 더구나, 정책은 개발이나 실행을 위한 표준 프로세스 없이, 다소 임시방편적인 방식으로 개발되어 왔다. 에스컬레이션 정책은 '가상일(Work-As-Imagined)'의 전형이다. 이 용어는 자신이나 다른 사람의 업무가 어떻게 수행되어야 하는지에 대해 사람들이 갖고있는 명시적 또는 암묵적인 다양한 가정을 의미한다(Dekker, 2006; Ombredane, & Faverge, 1955).

응급실의 체계화된 에스컬레이션 조치

에스컬레이션에 대한 최근 연구는 응급실의 에스컬레이션 조치 사용에 초점을 맞추었다(Back et al., 2017). 이러한 조치는 정책으로 체계화되어 있으며 응급실에서 수요 증가(예: 갑작스런 환자의 유입)를 관리하거나 수용 능력 감소(예: 환자를 수용할 병상 부족)를 처리할 수 있도록 설계되었다. 20개의 서로 다른 NHS 병원 단체에서 사용하는 에스컬레이션 정책을 검토했다. 시스템에는 압력을 완화하기 위해 실행에 옮기고 신속하게 변경할 수 있는 예비 역량이 있다는 암묵적인 가정이 있는 것으로 나타났다. 예를 들어, 정책에 명시된 일반적인 조치에는 관리/교육 역할을 수행하는 임상 스태프를 임상 실무에 재배정하거나, 압박을 덜 받는 구역의 병상/칸막이 등을 바쁜 구역에서 사용할 수 있도록 재지정하는 것이 포함된다. 그러나 자원이 부족한 NHS에서는, 이러한 여유 역량이 일상 업무의 일부로 침식되므로, 정책에 명시되어 있다고 하더라도 유연한 수행력은 감소한다. 영국의 한 대형 NHS 병원에서 실시된 실제 에스컬레이션에 대한 민족지학적(ethnographic) 연구에 따르면, 체계화된 조치가 여유 역량이 없어서 실행되지 못하는 경우가 많은 것으로 나타났다. 또한, 병목현상 흐름을 해결하고 환자를 재배정하기 위해 정책에서 권장하는 조치가 제대로 실행되는 경우는 거의 없었다. 예를 들어, 철저한 평가 없이 정문에서 환자를 배정하면 환자가 응급실의 잘못된 구역으로 보내져 업무량이 증가하고 잠재적으로 치료가 위태로워질 수 있다. 에스컬레이션 정책에 따라 조치가 명시되어 있지만, 상황 발생 전에 설정된 예측 상황에 대응하여 행동하는 방식으로 고안된 경우가 많다. 체계화된 조치가 기능하는데 필요한 사전 결정된 자원이 없거나 고갈되어, 유연한 시스템이기보다는 취약한 시스템으로 이어지는 경우가 많다.

11. 환자 유동 관리: 체계적, 상황 대응적 에스컬레이션 조치

계획변경을 위한 여유

NHS에는 시스템에 상당한 여유 역량이 없다고 주장할 수 있다. 그렇다면 시스템은 압력에 어떻게 적응할까? 임상의가 압박을 받으면 자신의 행동을 바꾼다는 사실도 입증이 있다(Cook et al., 2006). 이는 사전에 정해진 조치에 따라 이루어지는 것이 아니라 바람직한 결과를 도출하기 위해 목표의 절충을 통해 역동적으로 이루어진다. 임상의는 압박에 적응하기 위해 사용할 수 있는 전략적 레퍼토리가 있다(예: the physician in charge role: Hosking, Boyle, Ahmed, & Clarkson, 2017; performance repertoire conceptualisation: Furniss, Back, Blandford, Hildebrandt & Broberg, 2011). 그러나, 이러한 상황 대응적 전략으로 상황을 관리하다 보면 지쳐서 심장병이 올 수도 있다.

우리는 에스컬레이션에 대한 연구에서 환자의 유동 압박을 관리할 때 상황 대응적 적응이 활용되었으며, 이는 종종 명문화된 조치보다 더 널리 퍼져 있음을 발견했다(Back et al., 2017). 예를 들어, 팀의 기술 조합지식을 활용하여 간호사 한 명이 정맥주사를 놓을 수 있어서, 경험이 적은 간호사는 다른 업무를 계속할 수 있었다. 이는 부서 업무에 도움을 주기 위해 파견된 경험이 적은 간호사가 정맥주사를 놓을 자격을 갖추지 못한 경우에 대한 체계화된 에스컬레이션 대응책으로서 수행되었다.

그러나, 보상에 필요한 역량은 종종 소모된다; 시스템이 취약해져, 단일 장애 지점이 노출되고 환자 유동 목표에 대한 수행 위반이 불가피한 것으로 간주되는 모드로 운영된다. 우리 연구에서, 이는 임상의가 자신의 진료에 배정된 환자에게만 집중하고 더 이상 환자 유동 관리에 기여하지 않는 '폐쇄적 일(silo working)'로 나타났다; 그 결과 피할 수 있는 처리량 목표 위반이 발생했다(Back et al., 2017). 비공식 토론결과, 이는 통제할 수 있는 한 가지, 즉 현재 환자를 치료하는 데 집중하는 의식적인 전략이었음이 밝혀졌다. 시스템 상태에 대한 인식을 유지하고 어떤 환자 유동의 움직임에 우선순위를 두어야 하는지 파악하는데 전략적 레퍼토리가 사용되었다.

에스컬레이션 정책은 단순히 서류상으로만 실행되나?

NHS의 고위 품질 개선 관리자들 사이에는 환자 유동 압박을 관리할 때 검증된 에스컬레이션 정책이 필요하다는 생각을 갖고 있다(NHS 개선, 2017). 우리 연구에서는, 스태프들은 정책에 명시된 조치를 시행하는 것이 거의 도움이 되지 않는다는 것을 알고 있었고, 대신 에스컬레이션이 가장 부적절한 시기에 작업량을 증가시킬 수 있다는 사실을 발견했다(Back et al., 2017). NHS 병원 전반에 걸쳐, 공유된 일화에 따르면 현장 스태프들이 에스컬레이션 정책을 준수하지 않는다고 경영진으로부터 질책을 받는다고 한다(NHS 개선, 2017). 실무자들은 이러한 정책 준수의 부족함은 압박 관리를 위한 프로세스에 변화를 주려는 의지가 부족하기 때문이 아니라 정책이 거의 도움이 되지 않기 때문이라고 말한다. 에스컬레이션 정책은 병원의 보고 요건을 충족하고 시스템에 대한 압박을 문서화하는 등 다양한 용도로 사용된다. 이것도 중요하지만, 정책 자체도 압박을 관리할 때 도움이 되어야 하며, 의무적인 준수로 인해 업무량이 증가해서는 안된다.

조직의 경계를 넘나드는 적응 역량 강화

우리는 에스컬레이션을 잘 이해하고 더 효과적으로 작동하도록 설계할 수 있는 개념적 변화를 주장한다. 이는 단순히 정책 수정을 요구하는 것이 아니라, 이러한 업무가 어떻게 이루어지는지에 대한 심도 있는 이해를 바탕으로 상황 대응적 에스컬레이션 조치를 조직의 일상 업무 일부로 자리잡게 해야 한다는 요구이다. 여기에는 조직의 경계를 넘어 에스컬레이션 조치의 식별, 실행 및 모니터링을 가장 효과적으로 지원하는 방법을 이해하는 것이 포함된다. 예를 들어, 일반적으로 팀원들이 함께 배치되지 않은 여러 분야의 팀에서 협의를 통하여, 압박을 공유하고 그에 따라 시스템 전반의 프로세스를 조정함으로써 성공을 향한 새로운 방향을 설정할 수 있다(사례 연구 1 참조). 이러한 상황 대응적 에스컬레이션 조치는 '실제일(Work-As- Done)'의 일부로 항상 일어나고 있다(Anderson, Ross, & Jaye, 2016b; Dekker, 2006). 이 용어는 특별한 경우나 일상적으로 '작업 현장'에서 실제로 어떤 일이 어떻게 수행되는지를 나타낸다. 이러한 조치는 압박에 유연하게 대응할 수 있는 시스템의 자연스러운 역량을 지원하며, 적응 역량을 강화하기 위해 지원되어야 한다. 다음 사례 연구에서는 유연한 수행력을 촉진하는 것으로 확인된 에스컬레이션 조치를 강조한다.

제IV부 경계의 경험

사례 연구

제시된 두 가지 사례 연구는 한 대규모 NHS 병원에서 수집한 데이터를 기반으로 한다. 30개월에 걸쳐 200시간이 넘는 민족지학적 데이터가 수집되었다. 먼저, 환자 유동 및 퇴원 코디네이터(DCos)가 여러 분야에 걸친 팀 간의 적응 계획을 어떻게 촉진하는지에 대한 해설을 제공한다. 둘째, 성공적인 에스컬레이션을 위해서는 더 폭넓은 병원 시스템 전반에 걸쳐 경계를 넘나드는 협조가 필요한 이유를 조사하여, 환자가 시스템에서 밀려나지(pushed) 않게 잘 끌어주어야(pulled) 한다.

사례 연구 1: 환자 유동 및 DCos

선박에서 도선사(watchstander)의 임무는 다른 사람들이 자유롭게 자신의 업무를 수행하는 동안 충돌을 피할 수 있도록 감시하는 것이다. 병원에서, 환자가 시스템을 안전하게 이용할 수 있도록 감시하는 담당자는 일반적으로, 담당 간호사(대부분의 임상 영역에 한 명씩 있다)와 선임 의사(병동 회진이나 보드 회진을 진행할 때만 '감시 중'인 경우가 많다)이다. 이상적으로, 감시자의 역할은 환자를 안전하게 보호할 수 있도록 압박을 사전에 파악하는 것이다. 따라서, 감시자는 에스컬레이션의 필요성을 파악할 때 참여해야 한다. 그러나, 임상 업무량으로 인해 고위 스태프가 이를 수행하지 못하는 경우가 많다. 더구나, 중요한 정보는 여러 분야의 팀에 분산되어 있는 경우

11. 환자 유동 관리: 체계적, 상황 대응적 에스컬레이션 조치

가 많다. 빠르게 변화하는 상황을 이해하는 데 필요한 협조는 사회-기술적 시스템 설계에 의해 이상적으로 지원되어야 한다. 이는 국소적인 제어와 중앙집중화된 제어 사이의 긴장 상태를 대표하며, 경계를 넘나드는 협조의 필요성을 강조한다.

전문 유동 코디네이터(FlowCo) 역할은 응급실에서 여러 수요와 경쟁 우선순위를 모니터링하는 데 도움을 주기 위해 신설되었다. FlowCo는 2시간마다 응급실의 다양한 영역의 담당자가 참석하는 회의를 주도한다. 압박에 대한 개요를 제시하고; 팀원들은 이에 대해 논의한다. 그런 다음 명문화되어 있다기보다는 상황 대응적인 경우가 많은 - 에스컬레이션 조치가 실행된다. 입원환자 병동에서는 DCos가 이와 동일한 역할을 수행한다. 이들은 다양한 요구 사항을 관리하고 필요에 따라 담당 간호사/병동 관리자와 논의하는 데 도움을 준다. 이러한 전문 역할은 간호사가 수행하지만, 비임상 역할로 지정되어 있으며, 임상 업무에 투입될 가능성을 방지하기 위해 민간인 복장을 한다.

FlowCos와 DCos는 프로세스를 모니터링하고 병목현상을 파악하며 흐름을 개선하기 위한 조치를 취하는 감시자 역할을 한다. 병상 가용성 협상, 누락 된 진단결과 및 문서 찾기, 전문의 의뢰 추적 및 누락 된 스태프 찾기 등과 같은 조치는 문제 해결에 중점을 둔다. 문제를 예방하기 위해 조직 프로세스와 자원을 조정하는 등 다른 조치의 필요성을 파악하는 것도 FlowCo 및 DCo 역할의 핵심 요소이다. IT 시스템의 지연과 환자 유동의 복잡성 때문에 이 문제는 간단하지 않지만, IT 시스템과 의료진의 구두 업데이트 등 다양한 출처의 데이터를 통합하여 시스템이 어떻게 작동하는지 파악함으로써 보충 역량을 강화하는 데 도움을 준다. 그들은 폭넓은 병원 시스템의 상태를 파악하고 필요를 예상하여 가능한 입원 및 퇴원 계획을 파악하고 전문 진료 의뢰를 일괄처리하여 효율성을 높일 수 있다.

의료 현장에 FlowCo 및 DCo 전문가 역할을 도입하면 시스템 상태를 더욱 투명하게 파악할 수 있어 적절한 에스컬레이션 조치를 취할 수 있다. 그러나, 조치 필요성을 다른 사람에게 전달하는 것은 부서나 병동 내에서 업무가 어떻게 구성되어 있는지에 따라 달라진다. 응급실에서는, 2시간마다 회의가 열리며 환자 유동 상태를 평가하고 에스컬레이션 조치를 계획한다. 이는 성과 목표를 설정하고 모니터링하는 경우에만 효과적일 수 있다. 이를 위해서는 스태프가 주인의식을 갖고 조치를 취해야 하는데, 개인의 업무량으로 인해 때로는 문제가 될 수도 있다. 개인이 주인의식을 가질 수 있는 역량이나 권한이 없는 경우 에스컬레이션 조치가 성공할 가능성이 낮다는 사실도 발견했다. 이것은 압박에 적응하고 유연한 방식으로 업무를 수행할 수 있는 시스템의 역량 저하로 이어진다. 병동에서는 담당 간호사에게 업무를 위임하여 조치하는 것에 과도하게 의존하는 것으로 나타났다. 따라서 DCo가 에스컬레이션 조치를 파악했다 하더라도 이러한 조치를 실행할 수 있는 시스템 내 업무 협조역량이 부족할 수 있다.

사례 연구 2: 협의된 동선 – 'Push'보다 'Pull'?

'push'와 'pull'이라는 용어는 환자를 응급실에서 적절한 급성환자

11. 환자 유동 관리: 체계적, 상황 대응적 에스컬레이션 조치

병동으로 이송하는 데 사용되는 조직적 메커니즘의 유형을 설명하는데 사용할 수 있다. 'Pull' 시스템에서 환자를 응급실에서 입원병동으로 이송하는 것은 입원병동의 책임이다. 예를 들어, AFU(급성 노인병동)는 응급실에서 적절한 환자를 '끌어와(pull)' 노인의학 전문의가 치료할 수 있도록 한다. 이렇게 하면 응급실의 수요가 즉시 줄어든다. 그러나, 이는 전통적인 환자 유동과는 다른 방식이다. 응급실에서는 일반적으로 환자를 진단하고 치료한 후 필요한 경우 입원병동으로 이송을 하는 'push' 시스템으로 운영된다. 따라서 'push' 시스템으로 운영할 경우 업무량은 전적으로 응급실의 책임이다. 이를 위해서는 경계를 넘나드는 협의가 필요하지만 업무량의 일부로 인정받는 경우는 드물다. 전통적으로, 시스템에 병목현상이 발생하면, 에스컬레이션 조치는 환자를 병원의 한적한 쪽으로 이동시키거나 우회(밀어내어)시켜 압박을 완화하는 것을 목표로 한다. 이론적으로 시스템 제어관점에서는 타당하지만, 의도하지 않은 결과가 발생하여 관리하기 어려운 경우가 종종 있다. 'pull' 시스템은 환자가 한 진료 지점에서 다음 진료 지점으로 이동할 때마다 나타나며 환자를 'push'하는 에스컬레이션 조치보다 더 효과적일 수 있다; 특히 응급실과 같은 일부 영역에서는 환자 수의 압박으로 인해 경계를 넘어 조율할 수 없는 경우가 많다.

AFU가 설립되기 전에는, 환자 유동 압박을 관리하기 위해 노인 환자들이 병원 시스템 곳곳으로 내몰렸다. 여러 번 이동해야 했기 때문에 환자와 보호자에게 심각한 문제가 발생할 수 있었다. 이는 노인 환자의 진단, 치료 및 퇴원에 점점 더 많은 자원을 필요로 하고 병원 내 종합 의료팀 및 지역사회 간의 세심한 조율이 필요하기 때문이다. 노인 환자가 급성진단병동(acute assessment ward)이나 다른 곳으로 이송된 경우, 필요한 협조를 효과적으로 수행할 수 있는 전문 지식이 부족한 경우가 많다. AFU의 전문성을 통해 병원에 종종 복수 질환이 있는 환자 집단에서 새로운 질환을 파악할 수 있으며, 이를 통해 신속한 의사결정이 가능해진다. 효과적인 에스컬레이션에는 노인 전문의가 응급실을 방문하여 적합한 환자를 AFU로 '끌어오는(pull)' 공동 작업이 포함되는 것으로 밝혀졌다.

'push' 시스템의 문제점은 응급 의료실(EMU)에서의 업무를 관찰하면서 금방 드러났다. 환자는 퇴원 또는 입원 전 추가검사가 필요한 경우 응급실에서 EMU로 이송된다. 에스컬레이션이 진행되는 중에는 이 부분을 초과 영역으로 사용할 수 있다. 전문 진료과에서 환자의 진료를 맡아야 한다고 판단되면, 응급실 환자가 전문의의 진료를 기다리는 동안 EMU에 임시로 머무를 수 있다. 이는 환자의 유동을 제한하고 환자가 필요한 치료를 받을 수 있는 최적의 장소가 아니므로 문제가 되기도 한다. 이는 이론상으로는 EMU에 환자가 왔을 때 진단하고 치료할 수 있는 더 많은 역량을 제공하지만, 다른 곳으로 이송되기 전에 전문의의 진료를 기다리는 환자로 인해 이러한 역량이 빠르게 약화된다는 사실이 나타난다. 'push' 시스템에 의존하는 에스컬레이션 조치는 덜 효과적이지만, 대부분의 명문화된 에스컬레이션 조치는 대부분 'push'를 포함한다. 조직의 경계를 넘어 'pull' 시스템을 활용하여 에스컬레이션 조치를 취할 수 있는 공동 작업이 필요하다. 이는 잠재적으로 시스템의 보충 역량을 증가시킬 수 있다.

11. 환자 유동 관리: 체계적, 상황 대응적 에스컬레이션 조치

토론 및 결론

에스컬레이션 정책에 대한 개념적 필요성에서 현장의 상황 대응적 적응 지원에 이르는 여정은 선형적이지 않을 가능성이 높다. 안타깝게도, 환자 유동 압박에 대한 성공적인 현장 적응을 구성하는 요소에 대한 일상적인 연구는 없다. 대신, 정책에 정의된 프로세스가 성공 또는 실패의 원인이라고 가정한다. 개별 스태프와 동료들은 다른 사람을 관찰하면서 배울 수 있지만, 시스템 내에서 압박을 관리하는 체계적인 조직 차원의 학습은 부족하다. NHS 전반에 걸친 에스컬레이션 정책은 이러한 이해 부족의 한 단면이다.

성공적인 상황 대응적 에스컬레이션을 위해서는 압박을 관찰하고 예측해야 한다. 임상의는 자원의 제약과 치료의 다양성을 고려하여 환자 유동을 관리해야 한다. 우리의 민족지학적 연구에 따르면 상황 대응적 에스컬레이션을 활성화하기 위해 식별하고 공유해야 하는 두 가지 유형의 경계 간 압박이 존재하고 있음을 발견했다.

1. 협조의 압박 – 협조의 압박을 공유하면 우선순위 조정의 필요성이 생긴다. 주요 조치를 취하기 전에 달성해야 하는 전제조건을 공유할 수 있으면 상황 대응적 에스컬레이션이 용이해질 수 있다. 예를 들어, 퇴원을 신속히 처리할 때, 여러 팀 전체에 잠재적 지연 가능성을 표시하면 병원의 홈팀에 조기 의뢰하거나 사전에 약물 조정이 필요하다고 경고하는 등의 프로세스에 대한 협조로 이어질 수 있다.

2. 잘못된 정렬(Misalignment)의 압박 – 압박은 수요와 역량 간의 정렬오류 측면에서 논의할 수 있다. 예를 들어, 담당 임상의는 숙련도 및 IT 도구의 의존성을 이용하여 기술 혼합 및 인력 배치의 잘못된 정렬을 보고하고 정책에 명시된 대로 에스컬레이션을 실시할 의무가 있다. 그러나 이러한 유형의 에스컬레이션에 대한 대응은 느리거나 부재하는 경우가 많다. 때로는, 잘못된 정렬을 보고하는 데 걸리는 시간을 IT 시스템에 의존하기보다 팀원들과 공유하고 해결책을 찾아내는데 더 많은 시간을 할애하는 것이 더 나을 수도 있다. 또한, 팀 전체에서 환자 유동 압박에 대한 인식이 높아지면 자원의 재배치 영향 예측이 더 용이해질 수 있다. 예를 들어, 기술 혼합 문제를 관리하기 위해 스태프를 다른 곳에서 배치하기로 결정한 경우, 유연 배치 전에 관련 정보를 기존 팀원들과 공유하지 않으면 문제가 발생할 수 있다.

우리는 일상 업무가 조직 전체, 이상적으로는 일반적인 업무 환경 전반에 걸쳐 경계를 넘나드는 협조를 가능하게 해야 한다고 주장한다. 경계를 넘는 협조는 조직의 미시적 수준과 거시적 수준 사이의 연관성을 밝히기 위해 특별히 고안된 업무를 말한다. 병원에서, 경계 간 협조는 소규모 전문가팀 간의 연결 또는 병동 차원의 팀과 정책, 규정 및 진료 기준으로 대표되는 거시적 수준 간의 연결을 의미할 수 있다. 거시적 수준에서 병원 전체의 결과는 '관리된 실행력'이며, 프로세스가 일반적으로 어떻게 작동하는지에 대한 가정이 이루어지는 경우가 많다. 적응이 효과적으로 이루어지기 위해서는, '실제일'과 '가상일' 사이의 격차를 지속적으로 검토하여 새로운 업무

11. 환자 유동 관리: 체계적, 상황 대응적 에스컬레이션 조치

방식이 등장할 수 있도록(예: 사례 연구 2 – AFU pull 메커니즘) 하고, 성공적인 결과를 위한 다양한 경로의 가능성을 제시할 수 있도록 지속적으로 검토해야 한다.

경계를 넘나드는 메커니즘(Cross-boundary mechanism)을 통해 임상 팀과 관리자, 규제 기관 및 정책 담당자와의 소통을 가능하게 하고, 상황 대응적 정책 에스컬레이션 조치와 규정된 정책 에스컬레이션 조치의 상대적 장점을 더 폭넓게 이해할 수 있게 해준다. 이를 통해 '가상일'과 '실제일' 사이의 격차를 줄일 수 있다. 이러한 메커니즘을 통해 우리는 모두가 이용할 수 있는 성공 경로에 대한 보다 포괄적인 그림을 그릴 수 있고, 상황 대응적 에스컬레이션 조치의 식별, 실행 및 모니터링을 가장 효과적으로 지원하는 방법에 대한 이해를 높일 수 있다. 이는 경계를 넘나드는 효과적인 업무 역량을 강화하여 통합적 실행력을 촉진할 것이다.

참고문헌

Anderson, J. E., Ross, A. J., Back, J., Duncan, M., Snell, P., Walsh, K., & Jaye, P. (2016a). Implementing Resilience Engineering for Healthcare Quality Improvement Using the CARE Model: A Feasibility Study Protocol. Pilot and Feasibility Studies, 2(1), 61.

Anderson, J. E., Ross, A. J., & Jaye, P. (2016b). Modelling Resilience and Researching the Gap Between Work-as-Imagined and

Work-as-Done. In J. Braithwaite, R. L. Wears, & E. Hollnagel (Eds.), Resilient Health Care, Volume 3: Reconciling Work-as-Imagined and Work-as-Done. Boca Raton, FL: CRC Press.

Back, J., Ross, A. J., Duncan, M. D., Jaye, P., Henderson, K., & Anderson, J. E. (2017). Emergency Department Escalation in Theory and Practice: A Mixed-Methods Study Using a Model of Organizational Resilience. Annals of Emergency Medicine, 70(5), 659–671.

Cook, R. & Nemeth, C. (2006). Taking Things in One's Stride: Cognitive Features of Two Resilient Performances. In E. Hollnagel, D. D. Woods, & N. Leveson, (Eds.), Resilience Engineering: Concepts and Precepts (pp. 205–220). Aldershot, UK: Ashgate Publishing.

Dekker, S. W. A. (2006). Resilience Engineering: Chronicling the Emergence of Confused Consensus. In E. Hollnagel, D. D. Woods, & N. Leveson (Eds.), Resilience Engineering: Concepts and Precepts (pp. 77–92). Boca Raton, FL: CRC Press.

Furniss, D., Back, J., Blandford, A., Hildebrandt, M., & Broberg, H. (2011). A Resilience Markers Framework for Small Teams. Reliability Engineering & System Safety, 96(1), 2–10.

Hoffman, R. R. & Woods, D. D. (2011). Beyond Simon's Slice: Five Fundamental Trade-Offs that Bound the Performance of Macrocognitive Work Systems. IEEE Intelligent Systems, 26(6), 67–71.

Hollnagel, E., Pariès, J., Woods, D. D., & Wreathall, J. (2011). Resilience Engineering Perspectives Volume 3: Resilience

11. 환자 유동 관리: 체계적, 상황 대응적 에스컬레이션 조치

Engineering in Practice. Farnham, UK: Ashgate Publishing.

Hosking, I., Boyle, A., Ahmed, V., & Clarkson, J. (2017). What do Emergency Physicians in Charge do? A Qualitative Observational Study. Emergency Medicine Journal, 35(3), 186–188.

NHS Improvement. (2017, July). Improving patient flow. Retrieved from https://improvement.nhs.uk/resources/good-practice-guide-focus-on-improving-patient-flow/ .

Ombredane, A. & Faverge, J. M. (1955). L'analyse du travail. Paris, France: Presses Universitaires de France.

Wears, R. L., Hollnagel, E., & Braithwaite, J. (2015). Resilient Health Care, Volume 2: The Resilience of Everyday Clinical Work: Farnham, UK: Ashgate Publishing.

제IV부 경계의 경험

12 | 통합 보건의료의 촉진 요소인 신뢰와 심리적 안전

Mark A. Sujan, Huayi Huang, and Deborah Biggerstaff
University of Warwick

【목차】

소개	208
RHC의 메커니즘으로서의 동적 균형	211
신뢰 – 응급실(ED)에서 병동으로 환자 인계하기	213
심리적 안전 – 와파린(Warfarin) 복용 중인 환자의 퇴원	217
토론 및 결론	220
감사의 말	223
참고문헌	223

소개

레질리언스의 중요한 측면은 동적인 균형(trade-offs)을 이루는 능력이다(Hollnagel, 2009; Sujan, Spurgeon, & Cooke, 2015a). 의료 전문가들은 수요와 역량 간의 오류를 처리하고(Anderson, Ross, & Jaye, 2016), 더 일반적으로는 격차, 긴장 및 경쟁적인 조직의 우선순위를 관리하기 위해 이러한 동적인 균형을 수행한다(Cook, Render, & Woods, 2000; Sujan, Rizzo, & Pasquini, 2002,

12. 통합 보건의료의 촉진 요소인 신뢰와 심리적 안전

Sujan et al., 2015c). 전문적, 부서별, 조직적 경계를 넘나드는 진료의 접점에서 동료와의 협조와 협상 및 조직 프로토콜의 유연한 해석이 필요하다(Nemeth et al., 2007). 개별 임상의의 경우, 대인관계 위험을 감수해야 한다: 공동의 목표를 향해 함께 일할 동료를 신뢰할 수 있는가? 환자 치료에 필요한 경우 조직에서 규칙을 어겨도 안전하다고 생각하는가?

업무 상황에서 신뢰와 심리적 안전의 개념에 대한 직관적 특징을 제시하기도 한다(Edmondson, Kramer & Cook, 2004). 신뢰는 다른 사람과의 관계의 속성으로 정의된다. 내가 누군가를 신뢰한다는 것은, 그 사람에게 믿음을 주고, 그 사람이 협력을 통해 우리의 목표를 달성할 수 있는 특정 방식으로 행동할 것이라고 기대한다는 뜻이다. 심리적 안전은 대인관계 위험성을 감수했을 때의 결과에 대한 개인의 인식을 형성한다. 이는 다른 사람들이 나를 믿어줄 것이라고 생각하느냐에 관한 것이다.

RHC(Resilient Health Care) 서적 시리즈의 이전 기고문에서도 신뢰와 심리적 안전의 중요성에 대해 언급했다. 예를 들어, TenC 모델을 설명하고 RHC를 촉진하는 것으로 여겨지는 행동과 특성을 개괄적으로 설명했다(Johnson and Lane, 2016). C 중 하나는 상호존중으로 정의되는, 화합(Cohesion)을 의미한다. 마찬가지로, 응급치료 분야의 여러 연구를 검토한 결과, RHC는 의사소통, 협상, 팀워크, 신뢰 및 대화에 의존한다고 결론지었다(Braithwaite, ClayWilliams, Hunte, Wears, 2016). 또한, 심리적 안전이 부족하면 임상의가 일상적인 임상 업무에서 결정해야 할 균형점(trade-

제Ⅳ부 경계의 경험

offs)에 대한 이야기를 못하게 되어 임상의의 실제일(WAD)과 관리자의 가상일(WAI) 사이의 격차가 커질 수 있다고 강조한다(Debono and Braithwaite, 2015).

이 챕터에서, 우리는 이러한 사고의 연장선상에서 신뢰와 심리적 안전에 관한 광범위한 문헌을 RHC의 개념과 보다 명확하게 연결하고자 한다. 우리는 임상의가 절충하는 두 가지 사례를 통해 경계를 넘나드는 RHC를 촉진하는 데 있어 신뢰와 심리적 안전의 역할을 살펴볼 것이다. 첫 번째 사례는 응급실과 병원 사이의 경계에서 환자 인계에 대한 연구를 기반으로 한다. 이 사례에서는 부서 간 경계를 넘어 신뢰를 구축함으로써 임상의가 여러 진료과를 넘나드는 진료의 복잡성을 어떻게 헤쳐나갈 수 있는지 살펴본다. 두 번째 사례는 리스크 관리자와 일선 임상의라는 두 전문가 그룹의 경계에서 WAI와 WAD 간의 격차를 보여주는 전형적인 사례이다. 와파린 퇴원 정책의 구체적인 사례를 통해, 일선 임상의가 경험하는 심리적 안전의 기여도를 분석한다. 우리는 이 사례에서 일선 임상의가 심리적 안전을 통해 (리스크 관리자에 의한) 비난을 피하기보다, 성공하려는 의도(RHC 제공)를 가지고 절충할 수 있다고 주장한다.

먼저, RHC 메커니즘으로서의 동적 균형개념을 간략하게 재검토한다.

12. 통합 보건의료의 촉진 요소인 신뢰와 심리적 안전

RHC의 메커니즘으로서의 동적 균형

보건의료는 복잡하고 까다로운 일이다. 흔히 시스템이라 하면, 잘 설계되고 선형적이며 경계가 명확한 것을 떠올리기 마련이다. 생산라인과 제조공장이 떠오른다. 보건의료 시스템은 이러한 전통적 개념이 맞지 않는다. 여러 조직, 전문직, '집단'(Braithwaite, Clay-Williams, Nugus, & Plumb, 2013)을 포함하는 수많은 다양한 관계자들로 구성되어 있으며, 환자 개인이 시스템을 통해 어떻게 흘러가는지에 대한 명확한 규정이 없는 경우가 많다. 환자는 수동적 치료의 수혜자가 아니라, 자신의 생각, 다양한 이력, 개인적 선호도, 현재의 건강 및 사회적 치료 요구사항을 갖고 있다. 환자는 의료 전문가와의 상호작용을 통해 자신의 건강을 적극적이며 공동으로 창출한다고 주장할 수 있다(Batalden et al., 2016).

의료 전문가는 조직의 프로토콜과 모범 사례, 자신의 경험과 전문지식을 바탕으로 이 복잡한 세계를 헤쳐나가야 한다. 조직의 프로토콜, 절차 및 지침은 특정 상황에서 임상 업무를 어떻게 수행해야 하는지에 대한 가정, 즉 WAI의 사례를 나타낸다. 이러한 가정은 일반적으로 의료 시스템의 다양한 요구사항과 여러 부분의 상호작용이 복잡하기 때문에 일상적인 임상 업무의 복잡성을 수집하기에는 부족하다(Hollnagel, 2016). 이 책 시리즈의 많은 기고가 그러했듯이 WAD를 관찰하면, 의료 전문가가 일상적인 임상 업무에서 발생하는 격차와 긴장을 균형과 적응을 통해 안전하고 양질의 치료를 제공하는 방법을 배울 수 있다. 상황에 따른 균형을 통해 변화와 경쟁적

요구를 예측하고 적응하는 능력은 RHC를 실현하는 핵심 메커니즘이다(Braithwaite, Wears, & Hollnagel, 2015; Sujan et al., 2015a).

RHC 책에 설명된 두 번째 사례는 '비공식 2차 인계(secret second handover)'의 실천이다(Sujan et al., 2015b). 이 사례에서, 응급실에서 환자를 분류 간호사에게 인계하는 구급대원은 상반된 요구에 직면한다: 지역사회의 요구를 충족하기 위해 환자를 신속하게 인계해야 할 필요성과 담당 의사에게 자신이 돌본 환자의 이력을 자세히 전달해야 할 필요성이 그것이다. WAD를 관찰한 결과 구급대원들이 시간과 관계된 수행목표를 달성하기 위해 고안된 공식 프로토콜을 항상 따르지는 않는 것으로 나타났다. 구급대원들은 분류 간호사에게 환자를 처음 인계한 후, 2차로, 철저한 인계를 위해, 인수인계를 받을 간호사를 기다리며 응급실에서 추가 시간을 보내는 경우가 있다. 경영진은 이러한 관행이 불필요한 중복 업무라고 판단하여 권장하지 않기 때문에 이는 잘 알려지지 않았다. 구급대원과의 인터뷰에 따르면 구급대원들은 자신이 돌보는 환자에 대해 얼마나 걱정하는지에 따라 사례별로(지역사회에 빠르게 참여하는 것과 철저한 인수인계를 제공하는 것 사이에서) 이러한 관행으로 동적인 절충을 하는 것으로 나타났다.

비공식 2차 인계의 사례는 의료 전문가가 자신의 경험을 활용하여 현재 상황에 대한 주관적인 리스크 평가를 바탕으로 어떻게 동적인 균형점을 만들어내는지 보여준다. 하지만, 다양한 의료 영역에서 균형점에 대한 사례를 점점 더 많이 수집함에 따라, 이러한 주관적 리스크 평가가 항상 영향을 미치는 것은 아니며, 다른 요인과 고려 사항이 의료 전문가가 균형점을 결정하는 데 영향을 미친다는 사실이 분명해졌다. 그 두 가지 요소가 신뢰와 심리적 안전이다.

신뢰 – 응급실(ED)에서 병동으로 환자 인계하기

응급 진료에서 진료의 경계를 넘나드는 환자 인계는 최근 논문(Sujan et al., 2014, 2015d)에서 연구되었다. 이러한 인수인계의 한 사례로 응급실 의사가 병동으로 환자를 의뢰하는 것을 들 수 있다. 이러한 유형의 인계는, 병상 부족, 인력 수준, 병동 전문화 증가 등으로 인해 환자를 특수 병동에 입원시키기 위해 '매력적으로' 보이게 해야 한다는 인식이 있으므로 응급실 의사들이 '환자 매도(selling patients)'라고 할 만큼 어려운 업무이다(Hilligoss, Mansfield, Patterson, & Moffatt-Bruce, 2015; Nugus et al., 2017; Stephens, Weeds, & Patterson, 2015 참조). 이 연구에는 3개 병원 응급실에서 입원 병동으로 인계된 90명의 환자의 음성 녹음에 대한 담화 분석이 포함되었다. 분석결과 의뢰는 발신자(응급실 의사)가 다소 수동적인 수신자(병동 의료진)에게 정보를 전달하는 단순한 일방적 대화가 아니라는 것이 밝혀졌다. 대신, 대화에는 설명 단계와 협력 단계가 모두 포함되었으며, 리더십과 주도권은 소통 당사자 간에 전환될 수 있었다.

실제로, 양측 모두 균형점(trade-offs)을 찾아야 한다: 응급실 의료진은 응급실 과밀화와 시간관련 성과목표를 달성하기 위해 환자를 신속하게 이송하는 것과 병동 수용이 가능하지만 추가 시간과 노력이 필요한 충분히 견고한 진단을 제공하는 것 사이에서 균형을 찾아야 한다. 반면, 병동 의료진은 신속한 환자 처치에 대한 응급실의 필요성을 인식하는 동시에 자신의 업무량을 고려하고 환자가 처음부터 올바른 또는 가장 적합한 장소로 이동할 수 있도록 균형을 맞춰야 한다. 의뢰 대화(referral conversation)의 협력 단계에서 응급실 의료진과 병동 의료진은 환자의 상황과 요구 사항을 공유하고 환자 처치에 대한 공동 결정에 도달하기 위해 노력해야 한다.

담화 분석에 따르면 의뢰 대화의 협업 단계에서는 효과적인 협조와 협상을 통해 통합의료를 지원하는 경우가 있는 반면, 다른 상황에서는, 양측 모두에게 대화가 어렵고 좌절감을 주는 것으로 나타났다. 우리는 두 당사자 간의 신뢰 수준(또는 부족)뿐만 아니라, 다른 신뢰 관계(예: 다른 동료들, 관리자, 조직 규범 및 프로토콜)의 강도가 의뢰 대화의 역학 관계를 부분적으로 설명하는 데 도움이 될 수 있다고 생각한다. 신뢰는 다양한 방식으로 구성되어 있지만, 일반적으로, 상대방의 동기와 미래 행동에 대한 불확실성에서 비롯되고 시간이 지남에 따라 인지되는 취약성을 극복하는 것과 관련이 있다(Kramer, 1999); 이는 상대방이 우리를 이용하는 리스크가 감지되는 상황에서 다른 사람의 행동이나 행위에 의존하는 능력과 관련이 있다(Williams, 2001). 연구에 따르면 신뢰는 사회적 체험방식으로 작용하여, 처리 비용을 줄이고 긍정적인 협력 형태의 행동양식을 유발할 수 있는 등 여러 가지 이점을 제공할 수 있다(Uzzi, 1997). 이에 비해, 불신은 사람들이 상대방의 의도를 더 의심하게 만들어, 상대방의 행동과 생각을 보다 적극적이고 신중히 고려하게 만들 수 있다(Fein, 1996). 신뢰는 다양한 방식으로; 예를 들어, 성향(즉, 신뢰할 수 있는 사람이 됨), 이전 인간관계의 이력, 또는 역할에 대한 인식(예: 의사라는 직업은 다른 사람들에게 신뢰할 수 있는 사람으로 보임)을 통해 형성될 수 있다(Kramer, 1999). 신뢰는 취약해서 구축하는 것보다 깨는 것이 더 쉽다는 것이 밝혀졌다(Meyerson, Weick, & Kramer, 1996).

의뢰 대화에서 응급실 의사와 병원 임상의는 서로의 동기와 의도에 대한 불확실성을 경험한다. 이러한 불확실성은 응급실 의뢰의 구조적 특성으로 인해 더욱 커질 수 있다. 연구에 따르면 신뢰는 업무 상호의존성이 높은 경우, 팀원들이 직접 대면하여 상호작용할 수 없는 경우, 팀 구성원이 자주 변경되는 경우, 권한과 전문성에 큰 차이가 있는 경우 팀의 수행력과 특히 관련이 있다고 한다(de Jong, Dirks, & Gillespie, 2016). 이러한 특성은 일반적으로, 전화로 이루어지는 응급실 의뢰에서 나타나며, 응급실 일반의와 이전에는 교류하지 않았던 다른 직급의 병원 전문의 간에 나타난다. 이러한 불확실한 상황에서는, 신뢰 관계를 통해 서로를 의심하지 않고 환자를 위한 최선이라고 가정할 수 있다. 응급실 의사는 병원 임상의가 병동 주변을 취사선택(gatekeeping)하고 울타리를 만들고, 자신의 업무 흐름에만 관심이 있다는 의심을 극복해야 한다. 병동 임상의는 의뢰의 적절성에 대한 의구심과 특정 키워드를 사용하거나 세부 사항을 누락하여(예: 병동 의뢰 시 수술 이력을 언급하지 않음) 누락이 강요되었다는 의심을 떨쳐버려야 한다.

제Ⅳ부 경계의 경험

  신뢰와 불신은 여러 가지 원인이 복합적으로 작용할 수 있다. 일부 임상의는 이전에 협력하여 긍정적인 결과를 얻을 수 있었으며 시간이 지남에 따라 신뢰를 구축했을 수 있다. 신뢰는 컨설턴트와 같은 특정 역할과 관련된 전문 지식에 대한 기대에서 비롯될 수 있다. 그러나, 많은 임상의는 현재 소통 파트너 또는 유사한 전문적 상황에 있는 다른 사람들과 이전에 부정적인 경험을 한 적이 있다; 이는 신뢰를 빠르게 약화시키고 협력 의지를 위협할 수 있다. 응급실 선임 의사는 병동의 후배 의사가 의뢰 경로에 완전히 익숙하지 않다고 가정하고, 병동의 선임 임상의는 응급실 후배 의사가 복잡한 환자 증상을 제대로 진단할 수 있는지 의심하는 역할기반의 불신 요소도 있을 수 있다.

  의뢰 대화에 참여하는 임상의들은 자신들 간의 신뢰 관계 외에도 수많은 신뢰 관계를 형성한다. 신뢰와 불신은 조직의 절차와 규범에 기초할 수 있다. 예를 들어, 응급실 의사는 의뢰의 경로가 불공정하고 '풀링(pulling)' 메커니즘이 부족하다고 인식하여 의뢰의 경로를 불신할 수 있다(즉, 병동에서는 적극적으로 환자를 찾기보다 응급실에서 환자를 '푸시(push)'해주기만을 기다리는 경우). 병동 임상의들도 마찬가지로 응급실이 병동에 (부적절한) 업무를 만들어낸다고 인식하여 의뢰 시스템을 불신할 수 있다. 응급실 의사와 병동 임상의는 병원 내 고위 의사결정권자(예: 의료 책임 임원)와도 신뢰 또는 불신의 관계가 형성되어 있을 것이며, 경우에 따라 이들에게 중재를 요청할 수도 있다. 결론적으로, 이러한 다양한 신뢰 관계와, 각 신뢰 관계에 대한 서로 다른 신뢰의 기반은 의뢰 대화에 영향을 미치고 그 결과에 영향을 줄 수 있다.

연구 참여자들은 응급실에서 병원 병동으로의 의뢰를 개선할 수 있는 여러 가지 실질적인 제안을 제공했다. 이러한 제안의 메커니즘은 신뢰의 관점에서 이해할 수 있다. 참여자들은 공동 작업의 필요성과 시스템 접근방식의 채택을 강조했다. 서로 다른 학문적, 문화적 배경을 지닌 이질적 의료전문가 그룹 내의 신뢰는 개인적인 관계를 ('얼굴과 이름을 매치할 수 있도록) 발전시키고 촉진하여 서로의 목표와 동기를 상호인식함으로써 강화될 수 있다. 참여자들이 제안한 실질적인 해결책으로는 한 영역의 의료 전문가가 다른 영역의 업무를 관찰하여 인식을 높이고 의심과 보호 행동을 줄일 수 있는 함께하기(shadowing) 아이디어가 있다. 문화적 격차를 해소하기 위해 개인을 여러 조직(예: 구급차 서비스 및 응급실)에서 근무하는 공동 근무도 제안되었다. 이는 조직의 경계를 넘어 신뢰를 구축하려는 의도로 조직의 사회적 구조를 수정하는 방법이다(McEvily, Perrone, & Zaheer, 2003).

심리적 안전 - 와파린(Warfarin) 복용 중인 환자의 퇴원

도심의 한 병원에서 와파린(혈액 희석제) 처방을 받고 퇴원한 환자와 관련하여 여러 사고를 경험한 사례가 있다(Sujan, Huang & Braithwaite, 2016a). 이러한 와파린 관련 사고에는 국제표준화비율(INR)이 높아 가정에서 낙상 후 출혈이 발생하는 경우와 낮은

INR로 인한 혈전색전증 발생이 포함된다. 와파린은 다른 약물과 상호작용할 수 있으며 환자마다 다른 방식으로 INR 수치에 영향을 미칠 수 있다. 따라서, 적절한 와파린 관리를 위해서는 정기적인 INR 측정이 필수적이다. 이러한 환자군의 경우, 약물 요법이 적절한지 확인하고 집에 돌아간 후에도 이 요법을 따르는 것이 매우 중요하다. 그렇지 않으면 혈액이 과도하게 희석되거나 부족해질 위험이 있기 때문이다. 일부 환자는 이것을 매우 어렵게 생각하므로, 검진을 통해 진행 상황을 점검하는 것을 권고한다.

병원은 부작용에 대한 RCA(Root Cause Analyses)를 실시했다. RCA는 새로운 퇴원 정책을 도입하라는 권고를 하였다. 이 정책은 와파린을 복용 중인 환자는 항응고 클리닉에 후속 예약한 경우에만 퇴원할 수 있도록 명시했다. 액면 그대로만 보면, 이 정책은 매우 합리적이고 안전한 방침같이 보인다. 그러나, 예약 서비스는 평일 근무시간에만 가능했다. 이로 인해 임상의들은 긴장감이 고조되고 어려운 결정을 내려야 했다. 금요일 저녁이나 토요일 아침에 퇴원할 수 있는 환자의 경우, 정책을 따르고 다음 월요일에 후속 예약이 가능할 때까지 임상치료 없이 환자를 그대로 두어야 할까? 아니면 후속 진료예약 없이 환자를 퇴원시키는 것이 좋을까? 어느 쪽이든 문제가 된다. 환자를 필요 이상으로 병원에 오래 입원시키면 병원 내 감염 등의 위험에 노출되고 중요한 병원 자원이 낭비된다. 정책을 위반하고 후속 예약 없이 환자를 집으로 돌려보내는 경우 유사한 부작용이 발생할 수 있다. 임상의는 이러한 상황에서 긴장을 해소하기 위해 어떤 절충점을 찾아야 할까?

12. 통합 보건의료의 촉진 요소인 신뢰와 심리적 안전

한편, 임상의는 개별 환자에 대한 후속 진료예약 없이 퇴원 위험을 결정하기 위해 주관적인 리스크 평가를 하는 것으로 보인다. 환자가 정신이 명료하고, 분별력이 있으며, 거동이 가능한 경우, 직접 병동으로 돌아가 후속 조치를 마련해 주도록 요청하고 퇴원할 수 있다. 반면에, 모든 임상의가 저위험군 환자에 대한 정책을 위반하는 것은 아니다. 이에 대한 잠재적인 설명은 환자가 후속 진료예약을 위해 다시 방문하면 이 건의 보고서가 자동으로 실행되고 기록된다는 것이다. 이것은 환자를 퇴원시킨 임상의에게 영향을 미칠 수 있다.

정책을 위반하는 것은 분명 의료진에게 리스크를 수반한다. 우리는 그들의 심리적 안전 수준이 환자의 퇴원 여부 결정에 영향을 미친다는 가설을 세웠다. 심리적 안전이란 사람들이 자신의 업무 환경이 규칙 위반이나 문제점 보고와 같은 대인관계에서 불확실한 행동을 지지한다고 인식하는 정도를 나타낸다(Edmondson, Higgins, Singer, & Weiner, 2016). 심리적 안전은 스태프들이 자기 보호에 집중할 가능성이 낮기 때문에 팀과 조직의 학습 행동 및 수행력 향상에 도움이 될 수 있다. 대신, 스태프들은 정보 공유, 다양한 아이디어 탐색, 리스크 감수 및 탐구 학습에 더 자유롭게 참여할 수 있다(Edmondson & Lei, 2014). 보건의료 분야의 사고보고 및 조직 학습에 대한 연구에 따르면 심리적 안전이 제공되지 않는 환경이나 비난하는 문화에서는, 스태프들이 일상적인 임상 업무에서 경험하는 문제점에 대해 말할 가능성이 낮다(Sujan, 2015; Tucker & Edmondson, 2003). 심리적 안전은 역할 간(예: 의사와 간호사 간) 위계적 격차를 줄이고, 스태프의 의견을 적극적으로 구하고 소중히 여기며, 오류를 인정하는 등의 리더십 행동방식을 통해 개선할 수 있다(Edmondson et al., 2016).

앞의 사례에서, 부정적인 선례가 있고 조직이 위반 및 실수에 대한 책임을 사람들에게 돌리는 것으로 인식되는 경우, 임상의는 주관적인 리스크 평가 및 경험을 바탕으로 퇴원 정책을 적용하기에 충분히 안전하다고 느끼지 못할 수 있다. 그러나, 조직의 경영진이 문제 보고를 적극적으로 장려한다면, 임상의는 환자와 병원에 무엇이 최선인지 평가하여 그 상황에서 절충안을 도출하여 해결할 수 있다. 임상의와 경영진은 퇴원 정책 도입으로 벌어진 WAI와 WAD 간의 격차를 줄이기 위한 해결책을 찾기 위해 함께 노력할 수 있다.

토론 및 결론

앞서 설명한 두 가지 사례는 신뢰와 심리적 안전의 개념이 어떻게 동적인 절충점을 찾는지에 대한 추가적인 통찰력을 제공하고, 이를 통해 경계를 넘어 RHC에 대한 이해를 증진할 수 있는 방법을 설명한다. 첫 번째 사례에서는 임상의가 응급실과 병원의 경계를 넘나들며 어떻게 절충점을 찾는지에 대한 설명이다. 두 번째 사례는 일선 임상의가 다른 전문가 그룹에서 설정한 (즉, 리스크 관리자가 WAI를 나타내는 절차 및 정책) 상황에서 어떻게 절충점을 찾는지를 보여준다.

신뢰는 사람들이 누구와 협력하고 협상할지 여부와, 이에 접근하

12. 통합 보건의료의 촉진 요소인 신뢰와 심리적 안전

는 방식에 영향을 미칠 수 있다(McEvily et al., 2003). 두 당사자 사이에 신뢰가 있다면, 사람들은 타인의 잠재적 피해로부터 자신을 보호하는 것에 크게 걱정할 필요가 없으므로, 더 많은 열린 교류와 공동의 문제해결이 이루어지고 방어적인 행동은 줄어들 것으로 예상한다(Mayer & Gavin, 2005). 이는 더 나은 수행력으로 이어지고(de Jong et al., 2016), 나아가 더 많은 통합 보건의료로 이어질 수 있다. 심리적 안전은 사람들이 규칙과 정책에 적응하고 이에 대한 목소리를 높이는 데 도움이 될 수 있다. 이것은 사람들이 정적인 프로토콜과 조직의 목표가 아닌 특정 상황의 요구 사항에 대한 자체 평가를 바탕으로 절충안을 만들도록 장려할 수 있다고 믿는다. 심리적 안전은 사람들이 필요한 적응사항을 보고하고 공유할 수 있으므로 조직의 학습을 향상시키는 데 기여한다. 이는 WAI와 WAD 간의 격차를 줄이고 추가 개선 활동을 촉진할 수 있다.

보건의료 분야에서는 이러한 비기술적 고려사항을 인식하고 교육 및 개선의 노력을 반영한 실적이 저조한 것이 사실이다. 보건의료는 여전히 임상적 자율성, 계층적 구조, 전문적 정체성에 대한 뿌리깊은 관념에 기반을 두고 있다. 이는 계층구조의 하위계층 사람들이 문제에 대해 목소리를 높이는 것을 방해할 수 있으며, 경계를 넘어선 정보 흐름을 방해할 수 있다(Edmondson et al., 2016). 또한 의료 전문가 간의 신뢰를 특히 중요하게 만드는 대부분의 구조적 특성은 치료의 접점에 존재한다: 업무의 상호의존성, 팀 가상성(virtuality), 임시 팀 구성원, 권한 및 기술 차별화 등이 있다(de Jong et al., 2016). 그러나, 실제로는, 신뢰가 가장 필요한 상황에서 신뢰를 구축하고 유지하며 재구축하는 것이 가장 어렵다.

RHC에 미치는 영향은 무엇인가? 분명, 첫 번째 단계는 의료 전문가, 관리자 및 RHC 연구자 사이에서 신뢰와 심리적 안전개념의 중요성에 대한 인식을 높이고 지식을 공유하는 것이다. 신뢰에 대한 인식이 높아지면 조직은 실천 공동체에 대한 투자, 비공식 학습 및 개선 활동과 같이 신뢰가 형성될 수 있는 조건을 제공하는 계획에 더 집중하도록 유도할 수 있다(Sujan, 2015). 보건의료 전문가들은 이전에 한 번도 협력한 적이 없는 개인과 자주 교류한다. 이러한 상황에서, 신뢰의 기반은 특정 개인의 신뢰보다는 특정 역할(예: '정형외과 의사')에 대한 인지된 신뢰도와 관련이 있을 수 있다. 역할기반 신뢰가 낮은 상황에서는 레질리언스가 약화되는 반면, 역할에 신뢰할 수 있다고 간주되는 상황에서는 레질리언스가 강화될 것으로 예상할 수 있다. 연구에 따르면 역할 자율성은 조직의 경계에서 더 높은 수준의 신뢰를 이끌어내고, 상호작용하는 당사자들이 서로의 요구에 더 효과적으로 대응할 수 있도록 한다(Perrone, Zaheer, & McEvily, 2003).

RHC 커뮤니티 내에서는, 스태프들의 목소리를 장려하여 조직학습을 지원하는 여러 가지 흥미로운 방법이 이미 제안되었는데, 개선에 대한 Safety-I 및 Safety-II의 결합 접근방식(Chuang & Wears, 2015), 평범함으로부터의 학습(Sujan, 2012; Sujan, Pozzi, & Valbonesi, 2016c)과 우수성으로부터의 학습(Kelly, Blake, & Plunkett, 2016)등이 그 예이다. 이러한 접근방식의 공통점은 부정적인 상황과 결과에만 초점을 맞추기보다 WAI와 WAD 의 격차에서 유용한 학습을 도출할 수 있다는 인식이다(일반적으로 WAD를 WAI에 근접하게 하여 관리적 제어력을 높이려는 노력으로 이어진다)(Sujan et al. al., 2016c). 학생들의 보건의료 전문가 커리큘럼에 심리적 안전요소가 하루빨리 고려되어야 한다고 제안하기도 한다(Edmondsonet al., 2016).

신뢰와 심리적 안전에 대한 기존의 지식을 통합함으로써, 보건의료 분야는 신뢰 관계를 증진하고 사람들이 대인관계의 리스크를 감수해도 안전하다고 느끼는 업무환경을 구축하는 전략을 개발할 수 있다.

감사의 말

Warwick Medical School Master 과정의 '보건의료 분야의 안전과 품질 향상' 모듈에 참여하여 일상의 임상 업무에서 절충점을 찾아낸 경험을 공유해준 의료 전문진에 감사드린다.

참고문헌

Anderson, J. E., Ross, A. J., & Jaye, P. (2016). Modelling Resilience and Researching the Gap Between Work-as-Imagined and Work-as-Done. In J. Braithwaite, R. Wears, & E. Hollnagel (Eds.), Resilient Health Care III: Reconciling Work-as-Imagined with Work-as-Done (pp. 133–152). Farnham, UK: Ashgate Publishing.

Batalden, M., Batalden, P., Margolis, P., Seid, M., Armstrong, G., Opipariarrigan, L., & Hartung, H. (2016). Coproduction of Healthcare Service. BMJ Quality & Safety, 25, 509–517.

Braithwaite, J., Clay-Williams, R., Hunte, G., & Wears, R. (2016). Understanding Resilient Clinical Practices in Emergency Department Ecosystems. In J. Braithwaite, R. Wears, & E. Hollnagel (Eds.), Resilient Health Care, Volume 3: Reconciling Work-as-Imagined and Work-as-Done (pp. 89–102). Farnham, UK: Ashgate Publishing.

Braithwaite, J., Clay-Williams, R., Nugus, P., & Plumb, J. (2013). Healthcare as a Complex Adaptive System. In E. Hollnagel, J. Braithwaite, & R. Wears (Eds.), Resilient Health Care (pp. 57–71). Farnham, UK: Ashgate Publishing.

Braithwaite, J., Wears, R. L., & Hollnagel, E. (2015). Resilient Health Care: Turning Patient Safety on Its Head. International Journal for Quality in Health Care, 27(5), 418–420.

Chuang, S. & Wears, R. (2015). Strategies to Get Resilience into Everyday Clinical Work. In R. Wears, E. Hollnagel, & J. Braithwaite (Eds.), The Resilience of Everyday Clinical Work (pp. 225–234). Farnham, UK: Ashgate Publishing.

Cook, R. I., Render, M., & Woods, D. D. (2000). Gaps in the Continuity of Care and Progress on Patient Safety. BMJ, 320(7237), 791–794.

Debono, D. & Braithwaite, J. (2015). Workarounds in Nursing Practice in Acute Care: A Case of a Health Care Arms Race? In R. Wears, E. Hollnagel, & J. Braithwaite (Eds.), The Resilience of Everyday Clinical Work (pp. 23-38). Farnham, UK: Ashgate Publishing.

De Jong, B. A., Dirks, K. T., & Gillespie, N. (2016). Trust and Team Performance: A Meta-Analysis of Main Effects, Moderators, and Covariates. Journal of Applied Psychology, 101(8), 1134-1150.

Edmondson, A. C., Higgins, M., Singer, S., & Weiner, J. (2016). Understanding Psychological Safety in Health Care and Education Organizations: A Comparative Perspective. Research in Human Development, 13(1), 65-83.

Edmondson, A. C., Kramer, R. M., & Cook, K. S. (2004). Psychological Safety, Trust, and Learning in Organizations: A Group-Level Lens. In K. S. Cook & R. M. Kramer (Eds.), Trust and Distrust in Organizations: Dilemmas and Approaches (pp. 239-271). New York, NY: Russell Sage Foundation.

Edmondson, A. C. & Lei, Z. (2014). Psychological Safety: The History, Renaissance, and Future of an Interpersonal Construct. Annual Review of Organizational Psychology and Organizational Behavior, 1(1), 23-43.

Fein, S. (1996). Effects of Suspicion on Attributional Thinking and the Correspondence Bias. Journal of Personality and Social Psychology, 70(6), 1164-1184.

Hilligoss, B., Mansfield, J. A., Patterson, E. S., & Moffatt-Bruce, S. D. (2015). Collaborating—or "Selling" Patients? A Conceptual Framework for Emergency Department-to-Inpatient Handoff Negotiations. Joint Commission Journal on Quality and Patient Safety, 41(3), 134–143.

Hollnagel, E. (2009). The ETTO Principle: Efficiency-Thoroughness Trade-Off, Farnham, UK: Ashgate Publishing.

Hollnagel, E. (2016). Prologue: Why do Our Expectations of How Work Should be Done Never Correspond Exactly to How Work is Done. In J. Braithwaite, R. Wears, & E. Hollnagel (Eds.), Resilient Health Care Volume 3: Reconciling Work-as-Imagined and Work-as-Done (pp. xvii–xxv). Farnham, UK: Ashgate Publishing.

Johnson, A. & Lane, P. (2016). Resilience Work-as-Done in Everyday Clinical Work. In J. Braithwaite, R. Wears, & E. Hollnagel (Eds.), Resilient Health Care Volume 3: Reconciling Work-as-Imagined with Work-as-Done (pp. 71–88). Farnham, UK: Ashgate Publishing.

Kelly, N., Blake, S., & Plunkett, A. (2016). Learning from Excellence in Healthcare: A New Approach to Incident Reporting. Archives of Disease in Childhood, 101(9), 788–791.

Kramer, R. M. (1999). Trust and Distrust in Organizations: Emerging Perspectives, Enduring Questions. Annual Review of Psychology, 50(1), 569–598.

Mayer, R. C. & Gavin, M. B. (2005). Trust in Management and Performance: Who Minds the Shop While the Employees

Watch the Boss? Academy of Management Journal, 48(5), 874–888.

McEvily, B., Perrone, V., & Zaheer, A. (2003). Trust as an Organizing Principle. Organization Science, 14(1), 91–103.

Meyerson, D., Weick, K. E., & Kramer, R. M. (1996). Swift Trust and Temporary Groups. In R. M. Kramer & T. R. Tyler (Eds.), Trust in Organizations: Frontiers of Theory and Research (pp. 166–195). Thousand Oaks, CA: Sage Publications.

Nemeth, C. P., Nunnally, M., O'Connor, M. F., Brandwijk, M., Kowalsky, J., & Cook, R. I. (2007). Regularly Irregular: How Groups Reconcile Cross-Cutting Agendas and Demand in Healthcare. Cognition, Technology and Work, 9(3), 139–148.

Nugus, P., McCarthy, S., Holdgate, A., Braithwaite, J., Schoenmakers, A., & Wagner, C. (2017). Packaging Patients and Handing Them Over: Communication Context and Persuasion in the Emergency Department. Annals of Emergency Medicine, 69(2), 210–217.

Perrone, V., Zaheer, A., & McEvily, B. (2003). Free to be Trusted? Organizational Constraints on Trust in Boundary Spanners. Organization Science, 14(4), 422–439.

Stephens, R., Weeds, D., & Patterson, E. (2015). Patient Boarding in the Emergency Department as a Symptom of Complexity-Induced Risks. In R. Wears, E. Hollnagel, & J. Braithwaite (Eds.), Resilient Health Care, Volume 2: The Resilience of Everyday Clinical Work (pp. 159–174). Farnham, UK: Ashgate Publishing.

Sujan, M. A. (2012). A Novel Tool for Organisational Learning and its Impact on Safety Culture in a Hospital Dispensary. Reliability Engineering & System Safety, 101, 21–34.

Sujan, M. A. (2015). An Organisation Without a Memory: A Qualitative Study of Hospital Staff Perceptions on Reporting and Organisational Learning for Patient Safety. Reliability Engineering & System Safety, 144, 45–52.

Sujan, M. A., Huang, H., & Braithwaite, J. (2016a). Why do Healthcare Organisations Struggle to Learn from Experience? A Safety-II Perspective. In The 2016 Healthcare Systems Ergonomics and Patient Safety Conference (HEPS 2016), Toulouse, France.

Sujan, M. A., Huang, H., & Braithwaite, J. (2016b). Learning from Incidents in Health Care: Critique from a Safety-II Perspective. Safety Science, 99, 115–121.

Sujan, M. A., Pozzi, S., & Valbonesi, C. (2016c). Reporting and Learning: From Extraordinary to Ordinary. In J. Braithwaite, R. Wears, & E. Hollnagel (Eds.), Resilient Health Care, Volume 3: Reconciling Work-as-Imagined with Work-as-Done (pp. 103–110). Farnham, UK: Ashgate Publishing.

Sujan, M. A., Rizzo, A., & Pasquini, A. (2002). Contradictions and Critical Issues during System Evolution. In ACM Symposium on Applied Computing, Madrid.

Sujan, M. A., Spurgeon, P., & Cooke, M. (2015a). The Role of Dynamic Trade-Offs in Creating Safety—A Qualitative Study of Handover Across Care Boundaries in Emergency Care.

Reliability Engineering & System Safety, 141, 54-62.

Sujan, M. A., Spurgeon, P., & Cooke, M. (2015b). Translating Tensions into Safe Practices Through Dynamic Trade-Offs: The Secret Second Handover. In R. Wears, E. Hollnagel, & J. Braithwaite (Eds.), The Resilience of Everyday Clinical Work (pp. 11-22). Farnham, UK: Ashgate Publishing.

Sujan, M. A., Chessum, P., Rudd, M., Fitton, L., Inada-Kim, M., Cooke, M. W., & Spurgeon, P. (2015c). Managing Competing Organizational Priorities in Clinical Handover Across Organizational Boundaries. Journal of Health Services Research & Policy, 20, 17-25.

Sujan, M. A., Chessum, P., Rudd, M., Fitton, L., Inada-Kim, M., Spurgeon, P., & Cooke, M. W. (2015d). Emergency Care Handover (ECHO Study) Across Care Boundaries: The Need for Joint Decision Making and Consideration of Psychosocial History. Emergency Medicine Journal, 32(2), 112-118.

Sujan, M. A., Spurgeon, P., Inada-Kim, M., Rudd, M., Fitton, L., Hornblow, S., Cross, S., Chessum, P., & Cooke, M. (2014). Clinical Handover within the Emergency Care Pathway and the Potential Risks of Clinical Handover Failure (ECHO): Primary Research. Health Services Delivery Research, 2(5).doi: 10.3310/hsdr02050.

Tucker, A. L. & Edmondson, A. C. (2003). Why Hospitals Don't Learn from Failures: Organizational and Psychological Dynamics that Inhibit System Change. California Management Review, 45(2), 55-72.

Uzzi, B. (1997). Social Structure and Competition in Interfirm Networks: The Paradox of Embeddedness. Administrative Science Quarterly, 42, 35–67.

Williams, M. (2001). In Whom We Trust: Group Membership as an Affective Context for Trust Development. The Academy of Management Review, 26(3), 377–396.

13 | 통합 지원을 위한 완화 자원(Slack Resources)의 공동 이용: 산부인과 병동 사례 연구

Natália Basso Werle, Tarcisio Abreu Saurin, and Marlon Soliman
Federal University of Rio Grande do Sul

【목차】

소개 ······ 231
완화 방안의 분류 ······ 233
경험적 연구 ······ 238
    산부인과 병동 연구개요 ······ 238
    산부인과 병동에서 완화 방안의 협업 분석 ······ 239
결과 ······ 242
    상황 1 ······ 242
    상황 2 ······ 246
결론 ······ 250
참고문헌 ······ 251

소개

보건의료와 같은 복잡한 사회기술 시스템에서 실행력의 변동성은 일상 업무의 일부이며 원하는 결과나 원치 않는 결과의 원인이 된다 (Hollnagel, 2012). 변동성에 대처하기 위한 지원책으로 완화(slack)

는 보건의료 분야에서도 일상 업무의 일부이다. 완화는 상호의존성을 줄이고 한 프로세스가 다른 프로세스에 영향을 미칠 가능성을 최소화하기 위하여 프로세스를 느슨하게 결합하는 메커니즘이다(Safayeni & Purdy, 1991). 이와 유사한 정의에서, 완화는 조직이 내부 또는 외부 압박(Bourgeois, 1981), 위협 및 기회에 성공적으로 적응할 수 있도록 하는 현재 또는 잠재적 자원의 완충장치로 구성될 수 있다. 따라서 완화 방안을 사용한다고 해서 필연적으로 시스템 기능이 손상되는 것은 아니다(Saurin & Werle, 2017). 실제로 완화 방안은 일반적으로 어떤 유형의 인적(예: 교차 훈련된 전문가), 기술적(예: 예비 장비) 또는 조직적 자원(예: 의료 처방의 재확인)을 통해 운영되며, 이는 보건의료에서 필수적인 부분이라고 할 수 있다.

이 챕터에서는 여러 완화 자원이 공동으로 배치되어 전문적, 부서 및 기관의 경계를 넘어 협력작업을 지원하는 상황에 중점을 두고; 이하 협력작업이라는 용어를 이러한 경계를 넘어 작업한다는 의미로 사용한다. 협력작업은 팀 문제 해결과 공동 목표 달성을 위한 책임 분담이 특징이며(Schöttle, Haghsheno, & Gehbauer, 2014), 보건의료의 통합력과 안전의 핵심 요소이다(Greenhalgh, 2008). 브라질과 미국의 두 응급실 전문가가 가장 빈번하게 사용하는 통합적 기술 범주로 협업을 가리킨다(Wachs, Saurin, Righi and Wears, 2016). 화이트보드, 작업 일정, 사례 기록과 같은 비디지털 인공물이 병원 병동에서 어떻게 협력작업을 지원하는지도 논의한다(Bardram, Bossen, 2005). 해당 저자들은 인공물 시스템 내 중복된 정보의 필요성도 분석했다. 예를 들어, 환자의 병실에 대한 정보

13. 통합 지원을 위한 완화 자원(Slack Resources)의 공동 이용: 산부인과 병동 사례 연구

가 작업 일정표와 화이트보드에 반복적으로 표기되었다. 입원환자를 영상의학과로 이송하는 과정에서 여러 전문가 간 협업을 통해 오류를 방지하기 위해 중복 절차를 사용한다고 전한다(Ong, Coiera, 2010).

인지적으로 까다로운 환경에서의 협업에는 반드시 적어도 한 가지 형태의 완화, 즉 조직 구성원 간의 분석적 관점의 차이를 의미하는 인지적 다양성을 수반한다(Schulman, 1993). 더 광범위한 완화 자원이 사용되는 협업작업의 모델링은 상호보완적인 역할은 물론 상호작용을 재설계할 수 있는 가능성을 밝힐 수 있다. 또한, 이 모델링은 효율성 압박으로부터 완화를 방어하기 위해 유용한 데이터(예: 완화 자원의 풀로 방지된 부정적인 상황)를 생성할 수 있다. 이 챕터에서는 산부인과 병동에서 경계를 넘어 완화 방안의 협업에 대해 설명한다. 이 논의는 사회-기술시스템의 완화 방안 분석의 틀을 개발하기 위한 연구의 맥락에서 수집한 데이터를 기반으로 한다(Saurin and Werle, 2017).

완화 방안의 분류

완화 방안의 분류(Saurin and Werle, 2017)는 다음과 같이 요약할 수 있다.

1. **출처**: 완화는 일반적으로 긴밀하게 결합된 시스템에서 발생하는 설계된 완화 방안, 또는 느슨하게 결합된 시스템에서 발생하는 기회적(opportunistic) 완화 방안이 있으며, 종종 그 본성에 내재되어 있다(Perrow, 1984). 설계된 완화 방안은 사전 예방적 조직의 역량에서 발생하는 반면, 기회적 완화 방안은 사후 대응적 개인 및 팀의 역량에 의존한다.
2. **자원의 특성**: 원칙적으로, 모든 물리적 또는 가상 자원은 특정 상황에서 완화 방안으로서 작동할 수 있지만, 일반적으로 고려되는 자원은 시간, 사람, 재료, 공간 및 비용이다. 표준운영절차에서 문제를 해결하기 위한 관점 및 자유도(degree of freedom)와 같이 정량화하기 어렵고 더 힘든 자원도 있을 수 있다.
3. **가용성**: 완화는 즉시 사용 가능할 수도 그렇지 않을 수도 있다. 완화 방안이 사용 지점에 가깝게 분산되어 있으며, 사용자가 자원을 효율적으로 배치할 자율성을 갖고 있다면 가용성은 더 쉬워진다(Sharfman, Wolf, Chase, & Tansik, 1998). 또한, 가용성은 시스템 내외부의 에이전트에 의해 원치 않는 용도로 완화 방안을 사용하지 못하게 보호하는지 여부에 따라 달라진다. 예를 들어, 일부 중환자실에는 긴급하게 입원하는 환자를 위한 예비 병상이 있으며, 이 병상은 중환자 치료가 필요하지 않은 환자가 사용해서는 안 된다(Silich et al., 2011). 이러한 보호를 지원하는 한 가지 방법은 완화 상태를 실시간으로 파악하는 것이다. 일선 보건의료 운영 상황에서, 가용성 평가를 지원하기 위해 다음과 같이 임의로 정의한 세 가지 기준을 제시

13. 통합 지원을 위한 완화 자원(Slack Resources)의 공동 이용: 산부인과 병동 사례 연구

한다: (i) 완화 자원을 5분 이내에 배치할 수 있는 경우 고가용성: (ii) 5분에서 30분 미만인 경우 중가용성: (iii) 30분 이상인 경우 저가용성.

4. **가시성**: 자원 부족으로 인한 수행력 조정을 지원하기 위해 현존하는 완화 방안의 가용성을 현장에서 쉽고 빠르게 확인할 수 있어야 한다. 일선 보건의료 운영에서 완화 방안의 가시성을 평가하기 위한 기준으로 다음 세 가지를 제시한다: (i) 구두로 의사소통하거나 컴퓨터 시스템의 정보를 확인할 필요 없이 완화 상태를 실시간(예: 게시판, 공개적으로 표시된 화면 또는 주변 작업 환경에서 직접 관찰을 통해)으로 볼 수 있는 경우 고가시성, (ii) 구두로 정보를 교환하거나 컴퓨터 시스템의 확인이 필요한 경우 중가시성, 그리고 (iii) 고가시성 및 중가시성 조건에 충족하지 않았거나 완화 자원의 상태를 알 수 없는 경우 저가시성.

5. **배치 전략**: 5가지 전략이 식별되었다. 첫 번째 전략인 중복(redundancy)은, 대기 중복, 능동적 중복 및 기능 중복과 같은 여러 하위 범주로 나눌 수 있다(Clarke, 2005). 이 전략은 다른 자원에도 적용이 가능하지만, 저자는 인력의 중복에 초점을 맞춘 정의를 제공한다. 예를 들어, 대기 인력 중복은 중복된 개인이 당면한 작업에 즉시 참여하지 않고 일반적으로 운영자의 주변에 존재하지 않으며 필요할 때 호출한다(Clarke, 2005). 능동적 중복은 중복 기능을 수행하는 개인이 당면한 작업에 참여한다는 것을 의미한다. 예를 들어, 한 스태프가 작

업을 수행하는 동안 다른 스태프는 해당 스태프의 수행력을 모니터링하는 경우이다(Clarke, 2005).

두 번째 전략은 공정간 연결고리를 만드는 재공품(work-in-process)의 디자인을 통해 완화 자원을 배치하는 것이다. 이 전략은 제조 공장에서 널리 사용되며, 공정 중 재공품 수량은 공정의 안정성에 따라 달라진다; 불안정할수록 공정 중인 재공품은 증가한다(Liker, 2004).

세 번째 전략은 세 가지 유형의 행동 여유를 말한다(Stephens, Woods, Branlat, Wears, 2011). 행동 여유 유형 1은 다른 유닛의 행동을 제한하거나 다른 유닛의 여유를 빌려 로컬 여유를 유지하는 것이 특징이다. 여유 유형 2는 로컬 재편성을 통해 여유를 창출하거나 유닛의 여유 규제능력을 확장하는 자율 전략을 말한다. 유형 3은 둘 이상의 유닛을 활용할 수 있는 공동 풀 자원을 인식하거나 생성하는 협조로, 집단적 행동을 나타낸다(Stephens et al., 2011).

네 번째 전략은 개념적 완화 또는 인지적 다양성으로, 이는 조직 구성원 간의 분석적 관점의 차이를 의미한다(Schulman, 1993). 다섯 번째 전략은 완화 조절방안으로, 조직활동에서 개인의 자유도를 의미하며, 공식적인 협조 또는 명령 구조에 의해 제한받지 않는 개인행동의 범위를 의미한다(Schulman, 1993).

6. **부작용**: 복잡한 사회기술 시스템에서 구성요소는 밀접하게 서로 연결되어 있으며 반복적으로 서로 영향을 미친다. 따라서

13. 통합 지원을 위한 완화 자원(Slack Resources)의 공동 이용: 산부인과 병동 사례 연구

완화 방안의 도입은 중립적인 조치가 아니므로, 새로운 오류 가능성 및 유지관리 비용 등 부작용에 대한 평가가 필요하다.

7. **내구성**: 이 카테고리는 완화 방안이 배치되지 않더라도 속성을 유지하는 기간과 교체 빈도를 나타낸다. 성능 저하율은 비선형적일 수 있다. 예를 들어, 기술적 또는 조직적 변화로 인해 특정 유형의 완화 방안이 원래 의도와 무관하게 될 수 있다.

8. **범위**: 이는 완화 자원이 어울릴 수 있는 변동성 원인의 범위를 나타낸다. 어울리는 변동성 원인이 많을수록 완화는 더 일반적인 용도로 사용된다. 일부 자원은 본질적으로 더 일반적인 목적(예: 돈)을 갖고 있기 때문에 범위는 자원의 성격과 관련이 있는 것으로 보인다. 범위의 중요한 규모는 완화 방안의 적응성과 관련되어 있으며, 이는 동적 변동성에 따라 스스로 조정될 수 있다는 아이디어와 관련이 있다. 본 연구의 범위 평가를 지원하기 위해 우리는 (i) 넓은 범위의 완화 자원은 부분적으로 알려진 변동성 원인의 60% 이상을 커버하고; (ii) 중간 범위 자원은 변동성 원인의 30%~60%를 커버하며 (iii) 낮은 범위 자원은 변동성 원인의 30% 미만을 커버한다.

9. **법적 요구사항**: 앞서 언급한 범주와 관련된 기술 및 관리 사양을 포함할 수 있는 필수 규정에 따라 여러 완화 자원이 요구된다.

표 13.1은 앞서 언급한 분류가 협업작업에 미치는 영향을 나타낸다. 협업작업을 지원하기 위해 완화는 즉각적인 가용성 및 고가시성과 같은 특정한 특성을 이상적으로 갖추어야 한다.

〈표 13.1〉 완화방안의 분류 및 협업작업에 미치는 영향

범주	협업작업에 대한 영향
출처	디자인된 완화 방안은 모든 이해관계자가 더 쉽게 볼 수 있고 접근할 수 있으므로 협업작업에 더 유용한 경향이 있다.
자원의 특성	사람들이 만든 완화 자원은 협업작업을 직접적으로 지원하는 경향이 있다. 기타 자원(예: 장비)은 사람들 간의 상호작용을 중재하는 역할을 할 수 있다.
가용성	즉시 사용 가능하고 사용 지점 부근에 위치한 완화 방안은 협업작업에 더 유용한 경향이 있다.
배치 전략	정의에 따른 일부 배치 전략에는 협업작업이 포함된다 - 예: 대기 및 활동 인력 중복, 행동 여유의 세 가지 유형 및 인지 다양성
가시성	고가시성의 완화는 팀 구성원이 시스템 상태에 대한 공유된 정신 모델을 개발하는 데 도움이 되므로 협업작업에 더 유용한 경향이 있다. 반면, 저가시성 완화는 스태프가 완화 방안의 위치와 상태에 대해 동료에게 물어봐야 할 수도 있으므로 '낭비적인' 협업작업을 조장할 수 있다.
부작용	너무 많은 완화 방안은 협업작업을 방해할 수 있다: 프로세스가 느슨하게 결합되어 서로 고립될 수 있다.
내구성	명확한 영향 없음.
범위	명확한 영향 없음.
법적 요구사항	일부 형태의 완화 방안 사용을 의무화하는 규정에는 공동 의사 결정과 같은 협업작업 요구사항이 포함될 수 있다.

경험적 연구

산부인과 병동 연구개요

브라질 남부에 위치한 산부인과 병동은 380개 병상을 갖춘 규모의

13. 통합 지원을 위한 완화 자원(Slack Resources)의 공동 이용: 산부인과 병동 사례 연구

민간 병원의 일부로, 보건부로부터 의료 품질 면에서 선도적인 기관으로 인정받고 있다. 이 병동은 입원 병상 32개, 수술실 4개, 회복실(병상 7개), 24시간 운영되는 산부인과 응급실, 신생아 집중치료실(ICU 병상 27개)로 구성되어 있다. 이 시설은 3개 층에 걸쳐 있으며 하루에 최대 17명의 출산을 수용할 수 있다. 병원 경영진이 제공한 자료에 따르면, 출산의 약 80%가 제왕절개로 이루어졌고, 나머지 20%가 자연분만이었다. 이러한 제왕절개 비율은 세계보건기구(WHO)가 권장하는 10~15%보다 훨씬 높은 수치지만 브라질 병원에서는 드문 일이 아니다(Betrán et al., 2007). 제왕절개는 출산 일정을 예상할 수 있다는 장점이 있는 반면, 환자의 입원기간이 길어진다는 단점도 있다: 자연분만은 48시간인 반면, 최대 72시간까지 길어진다.

분만을 돕는 산부인과 의사 및 기타 의사들은 직원이라기보다 병원(총 390명)에 서비스를 제공하는 사람들이다. 그런 의미에서, 원칙적으로 이 의사들은 개인 환자의 분만을 다른 병원으로 예약할 수 있기 때문에, 병원 관리자는 이 의사들을 '고객'으로 간주한다. 의료진의 일부는 주로 산부인과 응급실에서 일하는 병원직원으로 구성되어 있다. 산부인과 병동 자체직원은 87명의 전문가로, 산부인과 의사 12명, 간호사 17명 및 간호조무사 58명으로 구성되어 있다.

산부인과 병동에서 완화 방안의 협업 분석

완화의 협업작업으로 산부인과 병동에서 응급치료를 제공해야 하는 두 가지 사건에 대한 논의를 바탕으로 분석했다. 이 상황은 중요 의사결정 방식을 통해 전문가와의 인터뷰를 통해 확인했으며 기능공명분석방법(FRAM, Functional Resonance Analysis Method) (Hollnagel, 2012)을 통해 모델링되었다. FRAM을 적용하는 전통적인 단계는 다음과 같다; (i) 각 기능의 6가지 측면, 즉 각 상황에서 입력, 출력, 전제조건, 자원, 제어 및 시간에 따라 역할을 수행한 기능을 식별하고 설명한다; (ii) 시간과 정확성 측면에서 각 기능의 출력 변동성을 분석하고 (iii) 기능 간의 결합을 식별한다.

본 연구의 목적을 고려하여, FRAM 모델 분석은 다음을 강조했다: (i) 출력 변동성이 커서 완화의 필요성을 유발하는 기능의 식별; (ii) 완화 방안을 배치한 기능의 식별 (iii) 변동성과 완화가 전문적, 부서별, 제도적 경계를 어떻게 넘나드는지 분석했다. 각 모델에 대해 산부인과 병동에서 근무하는 전문가들이 답변한 설문지를 바탕으로 변동성의 원인과 관련된 리스크의 전체 점수와 완화 방안의 효율성을 추정하고 비교했다.

점수를 얻기 위한 데이터 수집 및 분석 절차를 자세히 설명하고 있으므로(Saurin and Werle, 2017) 여기서는 개요만 제시한다. 완화의 정의를 식별하는 데 있어, 완화의 구성단위(Unit of Slack) 개념이 출발점이 되었다. 동일한 목적을 공유하는 유사한 완화 자원의 각 풀을 구성단위로 정의했다. 완화의 구성단위는 7명의 전문가와의 CDM(Critical Decision Method) 인터뷰, 25시간의 비참여자 관찰, 6시간의 참여자 관찰 및 문서 분석 등 다양한 데이터 소스를 기반으로 식별되었다. 앞서 언급한 완화의 정의와 일치하는 텍스트

13. 통합 지원을 위한 완화 자원(Slack Resources)의 공동 이용: 산부인과 병동 사례 연구

발췌문을 찾기 위해 인터뷰 녹취록과 관찰 기록에 대한 내용 분석이 이루어졌다.

그런 다음 완화 구성단위의 효과에 대한 분석이 수행되었다. 전문가들은 다음과 같은 질문으로 설문조사에 응답했다: 이 완화 방안이 얼마나 효과적인가? 설문지는 15cm 규모의 척도와 양극단에 낮은 효과와 높은 효과라는 두 개의 기준으로 구성되었다. 각 완화 구성단위의 평균 효율성 점수를 계산한 후 이를 100점 척도로 변환했다.

완화 방안을 찾아내기 위해 생성된 동일한 데이터베이스의 내용 분석을 통해 변동성 원인도 식별했다. 그리고 각 변동성 원인과 관련된 리스크 지수를 계산했다. 리스크는 각 변수의 빈도(얼마나 자주 나타나는지) 및 심각도(얼마나 강한 영향을 미치는지)와 관련된 점수를 곱한 결과이다. 모든 변동성 원인은 두 개의 설문지에 기록했다: 하나는 빈도 평가에 초점을 맞추고 다른 하나는 심각도에 초점을 맞추었다. 각 설문지에서, 응답자는 15cm 척도에 각 변동성의 원인이 얼마나 빈번하게 발생하고 안전과 효율성에 영향을 미치는지 표시했다. 설문지의 기준은 다음과 같다: 드물게 또는 자주(빈도 평가용); 영향이 낮다 또는 높다(심각도 평가용). 리스크의 평균 결과는 100점 척도로 변환되었다. 병동 내 전문가 87명 중 45명이 자발적으로 설문에 응답했다. 응답자는 의료 분야에서 평균 7.5년의 경력이 있고, 전문분야별 분포는 간호조무사(71%), 간호사(18%), 의사(11%) 순이었다.

제IV부 경계의 경험

결과

상황 1

상황 1은 인터뷰에 응한 산부인과 의사 중 한 명이 보고한 사례이다. 그녀의 보고에 따르면, 한 임산부가 늦은 밤 산부인과 응급실에 도착해 몸이 좋지 않다고 호소했다. 몇 가지 검사 후, 의사들은 태아가 사망한 것으로 판단했다. 이때, 환자를 위로하기 위해 당직 중인 심리학자를 호출하여 첫 번째 완화 자원이 배치되었다. 그 후 의사들은 낙태를 유도하기로 결정하고 환자를 계속 관찰했다. 그러나, 이 과정에서 환자는 출혈이 시작되어 응급수술이 필요했다.

따라서 수술은 완화의 필요성을 유발하는 두 가지 기능이 있다(그림 13.1): ⟨환자 진찰⟩, ⟨낙태 유도⟩. 결국, 촉발된 5개의 완화 기능은 다음과 같다: ⟨당직 심리학자 호출⟩, ⟨당직 산부인과 의사 호출⟩, ⟨신속대응팀 호출⟩, ⟨팀 전문성 활용⟩, ⟨외부 외과의사 및 마취과 의사 호출⟩. 이러한 완화 기능의 출력은 ⟨응급수술 수행⟩을 위한 전제조건을 제공했다.

이 사건에서 눈에 띄는 특징은 병원 근처에 거주하고 일부 의사들과 친분이 있는 외부 마취과 의사를 초빙했다는 점이다. 이는 지리적 근접성과 과거의 업무 관계 모두가 의료 분야에서 협력 파트너 선택에 중요한 영향을 미친다는 결론을 내린 연구 결과(Long, Cunningham, Carswell, Braithwaite, 2014)와 일치한다.

물론, 이 사례에서 경계를 넘은 것은 시스템 설계의 결과라기보다

13. 통합 지원을 위한 완화 자원(Slack Resources)의 공동 이용: 산부인과 병동 사례 연구

는 전적으로 전문가(예: 당직 중인 산부인과 의사와 마취과 의사) 간의 사회적 관계 때문이었다. 이 사건은 의료진 간의 전문적, 사회적 관계 네트워크를 매핑하는 것 또한 중요하다는 점을 지적한다. 전문 지식의 원천으로 수요가 많은 전문직 종사자에게는 때로는 완화의 역할을 할 동료가 필요할 수도 있다. 호주의 한 응급실에서는 이러한 네트워크가 어떤 모습인지에 대한 사례(Creswick, Westbrook, Braithwaite, 2009)를 제시한다.

그림 13.1에는 변동성과 관련된 리스크의 평균 점수, 완화 단위의 효율성 및 각각의 표준편차(SD)도 나와 있다. 이러한 점수를 바탕으로, 완화와 리스크의 격차에 대한 종합적인 점수를 추정할 수 있다. 이 격차는 각 리스크 점수에 SD를 더하고 각 완화 점수에서 SD를 빼서 추정한다. 따라서 전체 최대 리스크는: 38.6 + 38.6 + 17.5 + 27.3 + 45.6 + 11.3 = 178.9와 같다. 결국, 최소 완화 점수는: 64.4 + 76.9 + 83.4 + 80.1 + 56.6 + 61.5 = 422.9가 된다. 따라서 최대 격차(완화 - 리스크)는 244이며, 이는 상황의 결과가 성공적이었다는 점 - 즉 산모의 생명을 구했다는 점을 고려하면 의미가 있는 듯하다. 그러나 유사한 상황에서 원치 않는 결과가 발생하는 것은 비선형적 상호작용 및 기능공명으로 인해 그럴듯하게 보인다. FRAM의 특정 예시(instantiation)에서 '실제' 리스크 및 완화 점수는 커플링의 특정 특성(예: 타이밍 및 강도)에 의해 영향을 받을 수 있으며, 이는 다시 하류(downstream) 기능의 리스크 및 완화 방안을 증폭시키거나 약화시킬 수 있다.

또한 전체 점수는 FRAM 모델 전체를 고려하므로 시스템 경계

제IV부 경계의 경험

(즉, 어떤 기능이 모델 내외부에 있는지)의 정의가 분석에 영향을 미친다는 점도 유의할 필요가 있다. 본 연구에서와 같이, 후향적 분석을 수행할 경우, 수집된 데이터에 따라 시간적, 공간적 측면에서 상황에 즉각적인 역할을 한 기능만을 포함시켜 경계를 정의할 수 있다. 이는 중요한 개선 기회를 식별하는 데 충분할뿐 아니라 FRAM 모델을 합리적으로 이해하기 쉽게 도식적으로 표현하는 데에도 유용할 수 있다. 앞서 언급한 한계를 감안할 때, 격차를 계산하는 데 사용된 방법과 해석은 잠정적인 것으로 간주되어야 하며 향후 연구를 통해 추가로 개발될 수 있다.

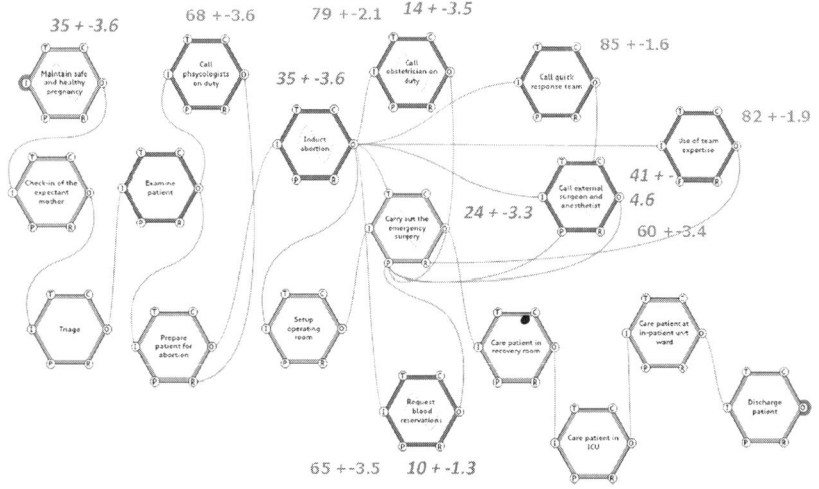

[그림 13.1]

상황 1의 예시화. 참고: (i) 육각형 내부의 파동은 출력의 변동성을 나타낸다; (ii) 이탤릭체로 표시된 점수는 관련된 변동성 자원의 리스크를 나타낸다; (iii) 나머지 점수는 완화 유니트의 효율성을 나타낸다.

13. 통합 지원을 위한 완화 자원(Slack Resources)의 공동 이용: 산부인과 병동 사례 연구

설명한 상황은 전문가 및 부서 간 경계를 넘어 공동으로 완화 방안을 활용한 사례이다. 혈액은행이 가동되면서 부서 간 경계가 허물어졌고, 심리학자에게 지원을 요청하고, 외부 마취과 의사를 호출하면서 전문가팀 전체가 응급수술을 진행하면서 전문적 경계도 허물어졌다.

네 가지 완화 기능의 출력을 수술의 전제조건으로 설정하는 것의 의미에 주목할 필요가 있다. 이는 리드 타임이 가장 긴 완화(즉, 완화의 필요성을 인식한 시점부터 실제 사용 시점까지의 시간) 방안이 이를 사용하는 기능이 활성화하기 전에 가능한 가장 짧은 리드 타임을 결정한다는 것을 의미한다. 이 경우, 중요한 완화 방안은 집에서 호출을 받고 약 20분 후에 병원에 도착한 외부 마취과 의사에게 해당한다. 전제조건인 완화는 기능을 시작하기 전에 갖추어야 할 최소한의 표준 자원의 일부로 해석할 수도 있다. 어쨌든 기능이 시작되면, 표준 전제조건 없이 작업이 시작되거나 적어도 하나의 표준 전제조건을 더 이상 사용할 수 없음에도 불구하고 작업이 계속 실행될 때, 부적절한 가용수단으로 견디어 내는(making-do) 낭비를 의미할 수 있다(Koskela, 2004). making-do와 레질리언스의 개념을 다음과 같이 설명도 한다(Saurin, Sanches, 2016): 성공적이지 않은 레질리언스 조치는 making-do와 동일하게 낭비 또는 위험을 의미한다; 성공적인 레질리언스 조치는 원치 않는 부작용 없이 낭비를 처리하는 수행력 조정에 해당한다.

그림 13.1의 또 다른 통찰력은 대부분의 완화 자원 사용이 동일한 기능인 〈낙태 유도〉에 의해 촉발되었다는 것이다. 이는 환자 치

료와 직접 관련된 기능이 부정확하거나 늦은 출력이 가능한 한 모든 관련 당사자에게 빨리 공개되어야 완화 자원 사용이 촉발될 수 있음을 시사한다. 이와 관련하여 환자의 임상 상태의 악화 징후를 조기에 발견하는 것이 중요하다.

마지막으로, 앞서 언급한 완화의 분류는 앞에서 설명한 상황을 이해하는 데에도 유용하다. 표 13.2에는 배포된 6개의 완화 단위의 분류를 보여준다. * 표시가 있는 모든 분류는 이상적이지 않은 상황을 나타내며, 이는 개선의 여지가 있는 것으로 해석할 수 있다. 예를 들어, 모든 완화 단위는 보통 또는 낮은 점수를 받거나, 가시성 측면에서 점수를 받았다.

상황 2

상황 2도 산부인과 의사가 보고한 것이다. 보고된 내용에 따르면 임산부(36주)가 지난 이틀 동안 태동이 느껴지지 않는다며 응급실을 찾았다. 산부인과 의사는 초음파 검사를 실시한 결과 태아의 활력 징후는 정상이었다: 심박수도 정상이었고 아기는 청각 자극에 정상적으로 반응했다. 그러나 검사결과 양수가 평소보다 더 느리게 흐르고 있으며 이는 양수가 정상보다 더 농후하다는 것을 나타낼 수 있다. 진단을 위한 추가 정보로 주치의는 환자의 임신 진행과정과 환자의 전반적인 건강 상태를 알고 있는 환자의 개인 산부인과 의사에게 전화를 걸었다.

산부인과 의사는 수집된 증거를 바탕으로 즉시 아기를 분만하기

13. 통합 지원을 위한 완화 자원(Slack Resources)의 공동 이용: 산부인과 병동 사례 연구

로 결정했다. 이로 인해 임신 37주 이전에 출산하게 되어 아기의 건강에 해로울 수 있다. 따라서 임신 지속기간을 허용하기로 결정하면 아기까지 위험해질 수 있으므로 절충안이 필요했다. 결국 여성은 제왕절개 수술을 받았고, 태변으로 인해 양수가 농후하다는 사실을 확인했다; 이로 인해 태아에게 공급되는 산소가 감소한 것을 확인했다. 상태가 불안정했던 신생아는 즉시 다른 병원 신생아 ICU로 옮겨 뇌를 보호하기 위해 체온을 낮추는 치료를 받았다. 이 치료는 연구 대상병원에서는 제공되지 않았다. 산모는 회복 병상으로 옮겨졌다가 병실로 옮겨진 뒤 이틀 후에 퇴원했다.

⟨표 13.2⟩ 상황 1에 분배된 완화 단위의 분류

	당직 중인 심리학자	당직 중인 산부인과 의사	신속대응팀	외부 마취 전문의	혈액은행	팀 전문성
출처	설계적	설계적	설계적	기회적*	설계적	기회적
자원의 특성	사람	사람	사람과 장비	사람	재료	사람
가용성	보통*	높음	높음	낮음*	보통*	낮음*
배치 전략	대기 자원	대기 자원	대기 자원	대기 자원, 오프라인	대기 자원	인지적 다양성
가시성	보통*	보통*	보통*	낮음*	보통*	낮음*
부작용	미확인	미확인	미확인	*추가비용; 환자를 잘 모르는 의사	미확인	미확인
내구성	해당 없음	해당 없음	팀 구성원은 2년마다 재교육 과정을 거쳐야 한다	해당 없음	만료 날짜	시간이 지남에 따라 증가하는 경향이 있다
범위	낮음	보통	낮음	보통	보통	높음
법적 요구 사항인가?	No	Yes	Yes	No	Yes	No

인터뷰에 응한 산부인과 의사는 그 후 몇 달 동안 아기의 가족과 계속 연락을 취했으며 아기가 정상적으로 성장하고 있다는 사실을 알고 기뻐했다고 말했다. 그림 13.2는 리스크 점수, 완화 단위의 효율성 및 해당 SD를 포함한 상황 2의 FRAM 모델을 나타낸다. 이번 상황에는 다음과 같은 네 가지 완화 기능이 있었다: 〈당직 산부인과 의사호출〉, 〈산부인과 의사의 전문지식 활용〉, 〈사적/개인적 산부인과 의사호출〉, 〈아기를 타 병원 신생아 ICU로 이송〉 등이다. 이러한 기능은 결국 세 가지 다른 기능에 의해 촉발되었다: 〈환자 분류〉, 〈환자 진찰〉, 〈아기 돌보기〉.

상황 1과 마찬가지로, 완화와 리스크 사이의 격차에 대한 전체 점수를 추정했다. 따라서 격차는 76.3으로 나타났으며, 이는 상황 1에 비해 기능이 훨씬 더 긴밀하게 결합된 것을 나타낸다. 상황 2의 특징은 기관 경계를 넘어선 완화 방안의 공동사용과 관련이 있다. 신생아를 다른 병원 ICU로 이송해야 할 때 연구 대상병원과 다른 인근 병원 간의 공식적인 협약이 체결되어 있어서, 특히 과밀 또는 전염병 발생 시 신생아 ICU 환자를 보다 쉽게 이송할 수 있었기 때문에 가능했다. 응급 산부인과 의사가 환자의 개인 산부인과 의사에게 지원을 요청했을 때도, 그 의사가 진단을 돕기 위해 현장에 입회할 수는 없었음에도, 전문적 경계를 넘어선 것이다.

표 13.3은 배치된 완화 단위의 네 가지 분류를 나타낸다. 상황 1과 마찬가지로 * 표시가 있는 모든 분류는 개선의 여지를 나타낸다.

13. 통합 지원을 위한 완화 자원(Slack Resources)의 공동 이용: 산부인과 병동 사례 연구

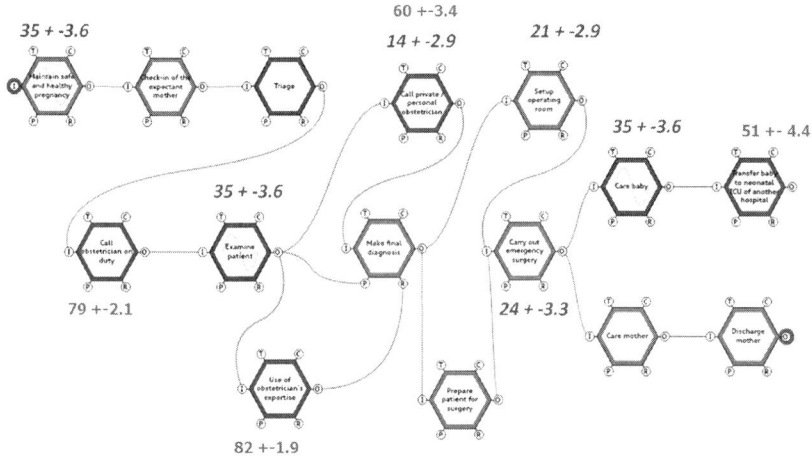

[그림 13.2]

상황 2의 예시. 참고: (i) 육각형 내부의 파동은 출력의 변동성을 나타낸다; (ii) 이탤릭체로 표시된 점수는 관련된 변동성 원인의 리스크를 나타낸다; (iii) 나머지 점수는 완화 단위의 효율성을 나타낸다.

〈표 13.3〉 상황 2에 분배된 완화 단위의 분류

	당직 중인 산부인과 의사	사적/개인 산부인과 의사	타 병원의 신생아 ICU 병상	팀 전문성
출처	설계적	설계적	설계적	기회적
자원의 특성	사람	사람	장비	사람
가용성	높음	높음	낮음*	높음
배치 전략	대기 자원	대기 자원	대기 자원, 오프라인	인지적 다양성
가시성	보통*	보통*	낮음*	낮음*
부작용	미확인	미확인	*병원의 추가비용	미확인
내구성	해당 없음	해당 없음	해당 없음	시간이 지남에 따라 증가하는 경향있음
범위	보통	보통	낮음	높음
법적 요구사항인가?	Yes	Yes	No	No

제IV부 경계의 경험

결론

이 챕터에서는 산부인과 병동에서의 완화 방안 활용에 대해 논의하고 전문적, 부서별, 기관별 경계를 넘어 협업에 기여하는 완화의 역할에 대해 강조했다. 산부인과 응급치료에 완화 방안을 배치한 두 가지 사례 연구는 경험적 근거를 제시했다. 이 두 사례의 공통적인 특징은 긴급한 상황이었기 때문에, 경계를 넘나드는 업무가 선택이 아닌 필수로 여겨졌다는 점이다. 또한, 일부 완화 자원의 물리적 분산(예: 병원의 중앙혈액은행, 다른 병원의 신생아 ICU 병상 및 외부 마취과 전문의)은 물리적 차원에서 경계를 넘는 협업이 필요하며, 이로 인한 시간 지연이 긴급한 상황에서는 치명적일 수 있음을 의미한다. 따라서 일반적인 설계 원칙에 따라 재정적 기준을 제쳐두고 완화 자원은 사용 지점과 가능한 한 가까운 곳에 배치하여 물리적 경계를 넘을 필요가 없도록 해야 한다.

추가로 강조해야 할 조사 결과는 다음과 같다: (i) 완화 방안을 분류하기 위해 제안된 범주가 협업에 영향을 미치는 약점과 강점을 밝힌다; (ii) FRAM은 완화 자원이 촉발되는 방식과 변동성에 대처하기 위해 어떻게 완화 자원이 연결되는지에 대한 모델을 제공하며; (iii) FRAM 모델의 예시화에 대한 리스크와 보호물 간의 격차를 측정하는 점수를 계산하는 것도 가능해 보인다. 이 점수는 리스크를 줄이거나 완화의 효율성을 높이는 데 초점을 맞춘 재설계 노력을 지원할 수 있다.

13. 통합 지원을 위한 완화 자원(Slack Resources)의 공동 이용: 산부인과 병동 사례 연구

참고문헌

Bardram, J. E. & Bossen, C. (2005, November). A Web of Coordinative Artifacts: Collaborative Work at a Hospital Ward. In Proceedings of the 2005 International ACM SIGGROUP Conference on Supporting Group Work, ACM, Sanibel Island, FL, pp. 168-176.

Betrán, A. P., Merialdi, M., Lauer, J. A., Bing-Shun, W., Thomas, J., Van Look, P., & Wagner, M. (2007). Rates of Caesarean Section: Analysis of Global, Regional and National Estimates. Paediatric and Perinatal Epidemiology, 21(2), 98-113.

Bourgeois III, L. J. (1981). On the Measurement of Organizational Slack. Academy Management Review, 6(1), 29-39.

Clarke, D. (2005). Human Redundancy in Complex, Hazardous Systems: A Theoretical Framework. Safety Science, 43(9), 655-677.

Creswick, N., Westbrook, J., & Braithwaite, J. (2009). Understanding Communication Networks in the Emergency Department. BMC Health Services Research, 9(1), 247. doi:10.1186/1472-6963-9-247

Greenhalgh, T. (2008). Role of Routines in Collaborative Work in Healthcare Organisations. BMJ, 337, a2448.

Hollnagel, E. (2012). FRAM: The Functional Resonance Analysis Method: Modelling Complex Socio-Technical Systems. London, UK: CRC Press.

Koskela, L. (2004, August). Making-do—The Eighth Category of Waste. 12th Annual Conference of the International Group for Lean Construction (IGLC 12), Elsinor, Denmark.

Liker J. (2004). The Toyota Way: 14 Management Principles from the World's Greatest Manufacturer. New York, NY: McGraw-Hill.

Long, J., Cunningham, F., Carswell, P., & Braithwaite, J. (2014). Patterns of Collaboration in Complex Networks: The Example of a Translational Research Network. BMC Health Services Research, 14(1), 225.

Ong, M. & Coiera, E. (2010). Safety Through Redundancy: A Case Study of In-Hospital Patient Transfers. Quality & Safety in Health Care, 19(1), e32.

Perrow C. (1984). Normal Accidents: Living with High-Risk Technologies. Princeton, NJ: Princeton University Press.

Safayeni, F. & Purdy, L. (1991). A Behavioral Case Study of Just-in-Time Implementation. Journal of Operations Management, 10 (2), 213-228.

Saurin, T. A. & Sanches, R. (2016). Making-do or Resilience: Making Sense of Variability. In F. Emuze & T. A. Saurin, (Eds.), Value and Waste in Lean Construction (pp. 15-22). London, UK: Routledge.

Saurin, T. A. & Werle, N. B. (2017). A Framework for the Analysis of Slack in Socio-Technical Systems. Reliability Engineering and Systems Safety, 167, 439-451.

Schöttle, A., Haghsheno, S., & Gehbauer, F. (2014, June). Defining

13. 통합 지원을 위한 완화 자원(Slack Resources)의 공동 이용: 산부인과 병동 사례 연구

Cooperation and Collaboration in the Context of Lean Construction. Proceedings of 22nd Annual Conference of the International Group for Lean Construction, Oslo, Norway, pp. 1269-1280.

Schulman, P. R . (1993). The Negotiated Order of Organizational Reliability. Administration and Society, 5(3), 353-372.

Sharfman, M., Wolf, G., Chase, R., & Tansik, D. (1998). Antecedents of Organizational Slack. The Academy of Management Review, 13(4), 601-614.

Silich, S., Wetz, R., Riebling, N., Coleman, C., Khoueiry, G., Rafeh, N., ⋯ Szerszen, A. (2011). Using Six Sigma Methodology to Reduce Patient Transfer Times from Floor to Critical-Care Beds. Journal of Healthcare Quality, 34(1), 44-54.

Stephens, R. J., Woods, D. D., Branlat, M., & Wears, R. L. (2011, June). Colliding Dilemmas: Interactions of Locally Adaptive Strategies in a Hospital Setting. The Proceedings of the 4th Resilience Engineering Symposium, Sophia Antipolis, France, pp. 256-262.

Wachs, P., Saurin, T. A., Righi, A., & Wears, R. (2016). Resilience Skills as Emergent Phenomena: A Study of Emergency Departments in Brazil and the United States. Applied Ergonomics, 56, 227-237.

제Ⅳ부 경계의 경험

14 응급의료의 통합적 실행력: 치료 경계를 넘어서는 개입 이행

Robyn Clay-Williams and Brette Blakely
Macquarie University

Paul Lane, Siva Senthuran, and Andrew Johnson
Townsville Hospital and Health Service

【목차】

소개	254
개입에 대한 설명	255
방법	257
결과	257
라운드 1	258
라운드 2	259
논의	266
결론	269
참고문헌	270

소개

이 챕터에서는 호주의 대형 3차 진료병원의 중환자실(ICU)이 통합적 사고의 원칙을 사용하여 ICU와 외과 간의 갈등을 어떻게 관리했는지에 대한 이야기를 소개한다. 이 병원은 입원 기간, 사망률, 병상

14. 응급의료의 통합적 실행력: 치료 경계를 넘어서는 개입 이행

인수인계 및 수련의 실행력과 같은 관리 실행력 지표 측면에서 저조한 실적을 내는 ICU는 아니었다. 그러나 ICU는 외과와 경계를 넘나드는 문제를 안고 있었다. ICU 병상 부족으로 인해 대기수술이 갑작스럽게 취소되는 경우가 잦았고, 이로 인해 외과와 ICU 간의 관계가 좋지 않았다. 이는 결과적으로 ICU 내 임상의들 간의 갈등을 부추겼다. 통합적 사고는 수술 후 ICU 병상 관련 의사결정을 내리기 위한 합의된 규칙을 수립하여 두 부서 간의 관계를 회복하기 위해 ICU 에스컬레이션 계획(이하 계획)을 개발하고 실행하는 데 사용되었다.

연구 대상병원은 750,000km²에 걸쳐 75만 명 이상의 인구를 대상으로 서비스를 제공하며, 성수기에 우회할 수 있는 유사한 응급시설로부터 1,900km 떨어져 있다는 점에서 이례적이다. 이는 병원 내 14개의 성인 ICU 병상 수요에 예상치 못한 큰 변화가 있을 수 있음을 의미한다. 그러나, 현재의 자원 제약 내에서 관리되어야 한다. 예측할 수 없는 응급 입원과 주요 대기 수술 계획의 균형을 맞추기 위해 병원의 수석 임상의와 관리자는 ICU를 통한 환자 유동을 최적화하는 계획을 공동으로 개발했다.

개입에 대한 설명

개입은 ICU 에스컬레이션 계획과 ICU 준비 상태를 결정하기 위해 매일 아침 종합회의를 도입하는 것으로 구성되었다. 이 계획(그림 14.1 참조)은 세 가지 준비 상태를 포함하는 현장 지침이다:

제IV부 경계의 경험

- **녹색** 준비 상태는 ICU가 더 많은 환자를 수용할 수 있으며, 추가로 정해진 케이스를 고려할 수 있음을 나타낸다.
- **황색** 준비 상태는 향후 24시간 내 시스템이 수용 능력에 접근하여 대기 수술을 취소해야 할 수도 있음을 나타낸다.
- **적색** 준비 상태는 ICU의 수용인원이 초과하여 ICU 지원이 필요한 수술을 취소해야 하며 일반 자원 내에서는 응급 입원 환자를 수용하지 못할 수 있음을 나타낸다.

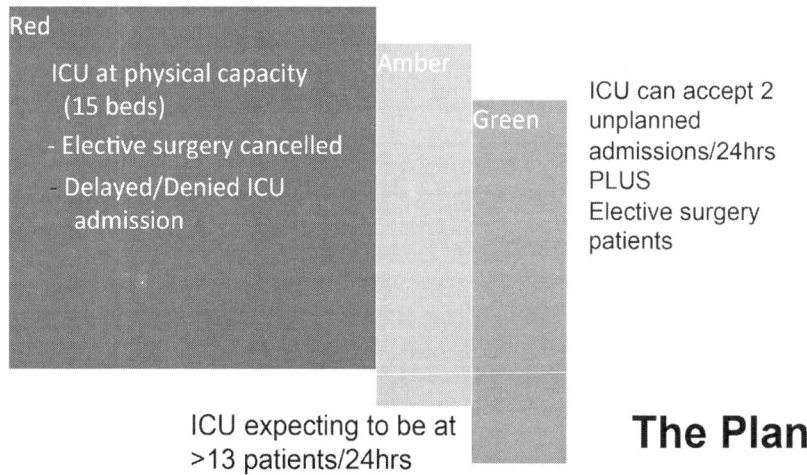

[그림 14.1]
ICU 에스컬레이션 계획.

14. 응급의료의 통합적 실행력: 치료 경계를 넘어서는 개입 이행

방법

개입 전/후 사례 연구에서는 프로세스 매핑, 감사 데이터 수집 및 두 차례의 직원 인터뷰로 구성된 다중 접근방식을 사용했다. 이 챕터에서는 ICU 내 임상의 간, 부서 간 경계 문제에 중점을 맞춘 인터뷰 데이터를 분석한 내용을 소개한다.

인터뷰 참여자는 ICU 간호사, ICU 전문의, 외과 및 병원 고위관리 직원 중에서 선정되었다. 핵심 주제를 파악하기 위해 녹취된 인터뷰의 귀납적 해석의 분석(Denzin & Lincoln, 2013)이 수행되었다. 1차 인터뷰는 ICU 현장 응집력이 병상 압박에 따라 어떻게 달라지는지에 대한 스태프들의 인식을 수집하고 ICU 병상 가용성의 의사결정 프로세스의 FRAM모델(Clay-Williams, Hounsgaard, & Hollnagel, 2015)을 개발하기 위한 데이터를 수집하는 것을 목표로 했다. 2차 인터뷰의 목적은 실행 초기에 나타난 효과가 지속되는지, 변경되었는지 또는 사라졌는지 확인하고, 아침 회의 이후 계획이 자연스럽게 진화하고 정리된 후 새로운 결과를 발견하는 것이었다. 편견을 피하기 위해, 2차 인터뷰는 1차 인터뷰를 참조하지 않고 어떤 주제가 등장하는지 확인하였다.

결과

계획 시행 이전에 12명의 스태프와 인터뷰를 했고, 개입 이후 19명

의 스태프와 인터뷰를 실시했다. 이 계획의 유용성에 대한 인식은 임상의가 일반적으로 취하는 중립적 입장부터 환자 유동 관리자가 일반적으로 취하는 매우 긍정적인 입장까지 인터뷰 전반에 걸쳐 다양했다.

라운드 1

인터뷰 데이터를 분석한 결과, 계획에 대한 인식, 계획의 장점, 아침 회의와 관련된 프로세스라는 세 가지 주제가 드러났다. 각 주제마다 여러 개의 하위 주제가 있었다. 이 계획은 여러 가지 기능을 갖고 있는 것으로 인식되었다: ICU가 수용 능력이 있을 때 'no'라고 말하기가 더 쉬워졌고, 병상 수와 연결되지 않은 보편적인 'full' 개념에 대한 명확한 기준점을 제공했으며, 환자 부하 및 환자 이송의 필요성에 대해 관리자와의 의사소통을 용이하게 하고 건설적인 대화를 위한 유용한 기반을 제공했다. 또한 ICU 내에서는 현재 준비 상태에 대한 합의를 도출하여 의사결정 프로세스에 더 많은 구조를 제공하는 것으로 인식되었다. 그럼에도 불구하고, 이 계획의 성공은 ICU 외부 사람들의 협력에 지나치게 의존했다는 인식이 있었다.

이 계획은 또한 시스템 압박을 파악하기 위한 '위기에 대한 조기 경보(canary in the coal mine)'로 인식되었다. 이러한 방식으로, 이 상태는 근접시스템 작동 지점의 지표로 사용될 수 있었으며(Cook & Rasmussen, 2005), ICU 실행력 및 능력에 대한 기록과 경향 정보를 제공했다. 특히, 이 계획은 경계를 넘어 일하는 임상의

14. 응급의료의 통합적 실행력: 치료 경계를 넘어서는 개입 이행

의 행동을 유도하기 위한 사실상의(de facto) 계약을 제공했다:

> … 이는 여러 분야에 걸쳐 합의를 제공하기 위한 것이다… (의사 1)
> … 모두가 이 정책 내에서 일한다…. (관리자 4)
> … 거의 참여 규칙과 같은 것이 있었고 사람들은 의사결정이 어떻게 이루어지는지 알고 있었다. (관리자 1)

라운드 2

일부 참여자들은 이 계획이 ICU로 제한되어 있으며 병원의 나머지 부분에는 조치를 취할 권한이 부족하다고 생각했다. 이들은 병상부족 문제가 병원 전체에 걸쳐 해결되지 않는 문제이며, ICU 내에서 문제를 해결하는 것은 해결책의 일부에 불과하다고 생각했다:

> 상대방이 내 말을 듣지 않는다면 이런 것이 있다고 해도 소용없다고 생각한다. 우리가 레드 코드인 상황에서 아무도 내 말을 듣지 않는다면, 어떤 말도 아무 의미가 없다. (AH/간호사 5)
>
> 그들은 전화를 받았다는 것을 인정했지만, 조치를 취하지는 않았다 – 서비스 그룹은 여전히 그것이 우리가 관리해야 하는 것이라고 생각한다. 우리는 ICU 관리뿐만 아니라 외과의사 및 기타 모든 사항을 관리할 예정이다. 서비스 그룹은 이 상황을 아직 이해하지 못하고 있다. (관리자 2)

다른 부서의 기능과 정치적 환경이 경영에 미치는 영향에 대한 회의

제IV부 경계의 경험

적인 시각도 남아 있었다. 응급실(ED) 및 대기 수술대상이 잠재적으로 의뢰에 영향을 미치는 것이 자주 언급되는 반면, ICU의 가시성을 더 개선할 수 있다는 의견도 제시되었다:

> 그리고 다른 한 가지는, 모두가 그렇게 이야기하기 때문에 투명성이 아니라, 그들의 어려움과 제약을 이해할 수 있도록 가시성을 높이는 것이다. 우리는 그들의 문제를 해결하기 위해 있는 것이 아니라, 그들이 우리를 이해할 수 있도록 하기 위한 것이다. 예를 들어, 응급실에 있을 때 가끔 느끼는, 자신은 모든 사람이 볼 수 있는 어항 속에 있고, 다른 사람이 하는 일은 볼 수 없을 때가 있는데, 이는 응급실 요원들의 어깨를 누르는 부담감이며, 우리도 내려놓아야 하는 부담감이기 때문이다. 하지만 다른 사람의 부담감도 볼 수 있어서 좋다고 생각한다. (의사 7)

이 계획의 효과에 대해 중립적 입장인 사람들은 ICU와 수술의 다른 변화를 업무 흐름 개선의 이유로 꼽았다. 한 가지 제안은 스태프 배치 개선으로 인해 ICU의 병상 가용성이 더 높아졌다는 것이다:

> 이 계획의 장점은 알겠는데 실제 도움이 되었을까? 어쩌면 조금 그럴 수도 있고, 어쩌면 간호 측면에서 조금 보강되었기 때문에 이제 그다지 필요하지 않을 수도 있다. [진행자: 그럼 자원과 다른 요인이 더 중요하다는 것인가...] "물론이다". (AH/간호사 4)

또한 수술 일지를 변경하여 업무량을 분산시키는 것이 취소를 감소

14. 응급의료의 통합적 실행력: 치료 경계를 넘어서는 개입 이행

시키는 것에 기여했다는 의견도 있었다:

> 그런데 4, 5년 전과 비교하면 확실히 조금 나아진 것 같고, 가장 큰 요인은 5일째 되는 날 수술실에 갈 수 있었던 것 같다. (의사 6)

라운드 2에서 새롭게 등장한 주제는 참가자들이 일반적인 '사일로' 기반 관점을 벗어나 시스템 관점에서 문제에 접근할 수 있는 능력이 향상되었다는 점이다. 실제로, 인터뷰 전반에 걸쳐 뚜렷이 드러난 두 번째와 세 번째 주요 주제는 환자 유동과 병원 전반의 상황이었다. 일부 참가자는 다른 팀이 경험한 압박감을 논의하면서 병원 전반의 이해와 결속력이 향상되었음을 보여주었다. 특히 이것은 국가의 성과 목표, 응급접근 목표 및 대기 수술 목표의 맥락을 고려할 때 관련이 있다. 이러한 목표는 각각 도착 후 4시간 이내에 응급실을 거쳐 환자를 치료하고 미리 정해진 시간 내에 계획된 수술을 수행해야 한다는 요건을 통해 병상에 대한 경쟁적인 압박을 가한다:

> 많은 일이 있는 것 같다. 응급실 같은 지침이 있는 부서에는 환자를 병동으로 이송하는 데 4시간의 가이드라인이 있다. 그래서, 그 부서는 지침에 따라 환자 이송을 강요하고 싶을 것이다. 그들은 자신의 역할을 하려고 노력하는 것이다. (AH/간호사 5)

일부 결속력은 부서 내의 개인보다는 시스템 압박과 제약에 대한 문제에 초점을 맞춘 실무자 대 정치적 관리자의 분열에서 비롯된 것처

제Ⅳ부 경계의 경험

럼 보인다:

> 여기서 ICU와 ED의 관계는 종종 어려움을 겪는다. 최근 몇 년 동안 4시간 규칙이 도입된 이후로 훨씬 더 어려워진 것 같다. 그들은 실제로 한때는 개입하여 개입의 결과를 지켜보았지만, 이제는 관리의 측면에서 환자들은 상대적으로 반만 결정할 수 있게 되었다. 상황은 여전히 빠르게 전개되고 있지만 4시간이 다가오고 있으므로 위탁하게 될 것이다. 우리 모두는 때로는 경솔한 모습을 보이기도 한다. 물론, 환자 중심의 목표가 아닌 다른 목표가 있을 수도 있지만, 모두가 그러한 것을 인식하고 있다고 생각한다. (의사 2)
>
> 그런 다음 선택사항의 경우, 내가 말했듯이 NES 목표와 상관없이 모든 것을 완수해야 한다는 압박감이 크다. 그렇기 때문에 – 내가 냉소적일 수도 있지만 – 그들의 방식이나 수술실 목록에 있는 내용에 대해 약간의 정치적 게임이 있다고 생각한다. (의사 3)

전반적으로 계획이 환자 유동 문제를 해결하지 못한다고 느끼는 사람들은 문제를 시스템이나 관리 오류의 결과로 보는 경향이 있었지만, 특정 사람이나 부서에 대한 적대감은 감소했다.

일반적으로 환자 유동 관리자는 일선 임상의보다 계획에 대해 더 낙관적이었다. 그러나 참여하는 사람들은 현재 상태에 대한 합의를 제공함으로써 이 계획이 ICU 내의 의사결정 과정에 더 많은 구조를 제공한다고 느꼈다:

> 나는 임시방편적 의사결정을 줄임으로써 더 명확해진다고 생각한다.

14. 응급의료의 통합적 실행력: 치료 경계를 넘어서는 개입 이행

> 옛말에 '좋은 울타리가 좋은 이웃을 만든다'는 말이 있지 않은가. 그런 관점에서 도움이 되는 것 같다. 아마도 업무 흐름이 개선된 것 같다. 아침 회의는 아니지만 병상 상태를 파악할 수 있게 되어 업무 흐름이 어느 정도 개선되었고 - 그러면 모든 수술을 진행하거나 수술을 할 수 있다고 말할 수 있다.... 과거에는 외과의사 개개인이 직접 '내가 이 케이스를 처리하겠다'라고 하는 경우가 있었다. 그런 경우가 사라져서 아주 잘 되었다. (의사 2)

시행 후 7개월이 지난 시점에 라운드 1에서 발견된 결속력과 의사소통의 주요 개선사항은 더욱 강화되었다. 코딩을 분석한 결과, 의사소통이 가장 많이 논의된 주제로 나타났으며, 개인 적 의사소통과 인간관계를 중심으로 이루어졌다.

ICU의 내부 업무 흐름과 의사소통의 개선은 ICU의 명확성과 가시성을 개선하는 데 어느 정도 기여한 것으로 보이며 다른 부서 및 병원 경영진과의 협력 강화로 이어졌다:

> 기본적으로 말할 수 있는 것은 수간호사와 우리가 이송하는 병동 간의 소통이다. 우리가 구축한 네트워크가 바로 그것이다. 우리는 그 중요성을 깨달았다. 실제로 그것을 이해하는 데 도움이 된 것은 신호등 시스템이다. 우리가 이 상황에 움직일 공간이 많지 않다는 것을 알게 되면, 병상을 막지 않고 환자를 이송할 수 있도록 지원하는 것이다. (관리자 3)

라운드 2 인터뷰에서는 대인 소통이 주요 주제였다. 직접적인 의사

소통과 사람들 간의 친밀도 향상에 중점을 두었다:

> 반면에, 그들이 서로를 잘 아는 사이라면 - 어떤 사람인지 알기 때문에 내가 원하는 것보다는 일을 쉽게 하고 싶어하는 경향이 있다 - 방해가 되지는 않지만 도움도 되지 않는다. (의사 7)

이와 함께 매일 팀 회의에서 팀 결속력이 나오는 것으로 나타났다. 이 계획은 일상적인 행동 계획을 뒷받침하는 통합된 정신적 모델과 합의된 프로세스를 만드는 데 사용되었다:

> 팀 전체가 한자리에 모여 모두가 같은 내용을 듣고, 대기 수술이 어떤 것인지, 병상 수용인원이 어느 정도인지 아는 것은 매우 유용한 일이라고 생각한다. 여기에 간호와 연합보건의료를 통합한 것도 좋다고 생각한다. 모든 사람이 조직강화 활동측면에서 합심하면 좋겠다. (의사 1) 그래서 - 사회 복지사, 언어 치료사 - 등 많은 사람들이 함께 일하고 있어 좋다. 모두가 합심한다. 전에는 이런 적이 없었다. (AH/간호사 3)

흥미롭게도 매일 아침 병상상태에 대한 합의를 도출하는 과정은 그 자체로 조직강화 연습으로 볼 수 있다. 이제 ICU는 매일 모든 직원이 모여 각 ICU 환자에 대한 치료 및 장기 계획을 논의하는 팀 협상으로 하루를 시작한다. 회의가 끝나면 계획에 따른 당일 ICU 상태에 대한 합의가 이루어진다. 그런 다음 통합된 ICU 상태는 하루 동안 팀 내에서 다른 모든 대화와 상호작용의 기반이 되며, 외부 부서와 소통할 때 팀에 통합된 목소리를 제시한다.

14. 응급의료의 통합적 실행력: 치료 경계를 넘어서는 개입 이행

이것이 여러 분야가 함께 일하는 팀 환경이라고 생각한다. 그것이 우리가 돌보는 환자들에게 더 좋다고 생각한다. 따라서 팀 접근방식이 더 많다. 소통이 훨씬 잘 되는 것 같다. 모두가 이해하고 있는 내용이 같은 듯하다. (AH/간호사 4)

이 병동만 해도 아침 8시에 합동조례 모임이 있다. 내가 15년간 이곳에서 근무하면서 지난 1년간 여기서 일어난 가장 큰 변화 중 하나일 것이다. 모두가 참여하기 때문에 모두가 무슨 일이 있는지 알고 있다. 그렇게 하면 모두가 서로에 대해 더 자신감을 갖게 되는 것 같다. 그러다 보니 병동에서 일이 발생하면 서로 의지할 수 있고, 서로 어떤 사람인지, 어떤 기술과 자질이 있는지 알 수 있다. (AH/간호사 5)

체계있게 구축된 회의 환경에서 우려 사항을 제기할 수 있는 기회가 주어지면 모든 사람이 발언권을 갖게 되어 개인 간의 갈등이 심화할 수 있는 좌절감을 줄일 수 있다. 단일팀 정신 모델의 생성은 명확한 주인의식과 책임감을 전달할 뿐 아니라 대외적인 상호작용에도 영향을 미친다:

아니다, 전반적으로 ICU는 잘 운영되고 있다고 말하고 싶다. 그들이 결속력 있는 팀이라고 생각한다. 불확실성을 관리하기 위해 취한 조치가 긍정적 영향을 미쳤다고 생각한다. 사람들이 소유할 수 있는 무언가를 실제로 마련한 것이 팀 내 관계에 도움이 되었다고 생각하는데, 이는 좋은 일이다. 이 중 많은 부분은 누가 있느냐에 따라 다른 결정을 내릴 수도 있는 어려움과 관련이 있다고 생각한다. 따라서 모두가 소유할 수 있고 이것을 인식하는 것이 우리가 관리하는 방법이며 다른 분야에서도 이를 이해하는 것이 도움이 된다. 따라서 확실히 그들이 응집력 있고 잘 작동하는 팀이라고 말하고 싶다. 그렇다, 부담감이 있지만 잘 관리하고 있다. (관리자 1)

논의

병원 시스템에는 조직적, 상황적 경계가 모두 존재한다는 사실을 발견했다. 병원의 물리적인 병동 기반구조와 병원의 부서별 조직배치는 통합진료에 물리적, 조직적 경계를 조장한다. 이 연구에서 전문적 경계(Powell & Davies, 2012)는 환자 치료에 대한 권한이 환자의 일반 외과 의사 또는 주치의에게 있기보다는, 환자가 입원해 있는 동안 집중치료 전문의에게 이전되는 '폐쇄형 ICU'라는 사실 때문에 더욱 강화되었다. 우리 데이터에서, 경계에 대한 언급은 명시적이지 않았지만 물리적, 전문적 그룹, 역할, 개념 및 성격 기반 경계에 대한 언급으로 볼 수 있다. 조직의 경계는 병원의 설계 및 건설 방식, 부서의 구조 및 자원 배치방식(예: 폐쇄형 ICU 및 응급실 '어항(fish bowl)' [의사 7]), 지정된 리더의 임명(예: 부서 책임자, 서비스 그룹) 및 진료 제공방식을 주도하는 지침(예: '4시간 규칙' [의사 2])에서 비롯될 수 있다. 직원 임명 및 명단 작성, 치료지침 시행, 인증과 같은 많은 병원 품질관리 및 임상 거버넌스 프로세스가 이러한 조직적 경계를 강화한다.

이와는 대조적으로, 상황적 경계는 개인이 진료하는 방식(예: '개별 외과 의사들이 진행' [의사 2]), 팀 구성 방식, 관리자 또는 다른

14. 응급의료의 통합적 실행력: 치료 경계를 넘어서는 개입 이행

부서의 압박에 대한 '반발'(예: '서비스 그룹은 여전히 우리가 관리할 것이라고 기대' [관리자 2]), 그리고 시스템을 이용하는 개별 환자와 그 가족의 다양한 요구로부터 발생한다. 폐쇄형 ICU 방식은 외과/내과의사의 설계된 업무(그리고 원하는 대로 치료)와 중환자실 의사의 실행된 업무 간의 일상적인 차이를 증폭시킬 수 있다. ICU를 방문한 외과의사 및 수술 동료와 협력한 중환자실 의사의 관점에서 일부 '경계 조정자(boundary spanners)'(Long, Cunningham, & Braithwaite, 2013)를 발견했지만 대부분의 임상의는 임상부서 내에서 상대적으로 고립된 상태를 유지했다. 상황에 따른 경계는 조직적 경계보다 넘기 쉬운 것처럼 보이지만, 이러한 경계는 문화적 규범에 따라 출현하고 강화되어 개입에 대한 저항이 매우 강하다.

이 계획은 도구를 사용하는 사람에 따라 경계를 극복하기 위한 장치 또는 경계의 실행자 역할을 할 수 있는 역량을 갖추고 있었다. 예를 들어, 이 계획은 부서 간 의사소통을 위한 체계화된 방법을 제공함으로써 병원의 자연스러운 경계를 일부 해소하는데 성공했다. 반대로, 이 계획은 다른 부서의 요구에 'no'라고 말할 수 있는 수단을 제공하고 ICU를 경계가 있는 '공간'으로 보호하는 수단도 제공했다(예: '좋은 울타리가 좋은 이웃을 만든다' [의사 2]). 이 경우 외과에서는 경계를 '부정적'으로 간주하지만, 실제로 ICU에서는 '긍정적'으로 간주할 수 있다.

예상대로 ICU 환자 유동과 관련된 사람들 사이에서는 설계된 업무와 실행된 업무는 다양했다. 이 계획은 환자 유동 프로세스에 대한 인식과 이해에 영향을 미쳐 ICU와 외과 간 의사소통과 팀워크 개선에 기여했다. 우리 연구는 에스컬레이션 지침과 같은 간단한 장치가 부서 간 경계를 넘어 업무를 개선하는데 어떻게 도움이 될 수 있는지를 보여주었다. 특히 '경계 조정자'(Long et al., 2013)는 개입을 통해 가장 큰 이득을 얻는 것으로 나타났다. '경계 조정자'는 중개인 역할을 할 수 있을 만큼 경계 양쪽의 상황 정보를 충분히 잘 이해하고, 그룹 간에 정보를 전달할 수 있는 개인이다(Tushman & Scanlan, 1981). 본 연구에서, '경계 조정자'는 병원 내 임상의 및 관리자로 구성되어 있으며, 공식적인 역할은 ICU 간호단위 관리자(NUM) 및 환자 유동 관리자와 같은 부서 간 협상에 관여하는 사람들과, 일부 ICU 선임의처럼 그룹 간 친목을 다지는 사람들로 구성되어 있다. 이들 개인은 병상 가용성을 협상하거나 외부 불만 사항을 처리할 때 해당 부서의 '얼굴'이기 때문에, 가장 힘든 대화를 나누고 이전의 열악했던 부서 간 관계에 가장 큰 영향을 받을 가능성이 높은 사람들이다. 따라서 이들이 개입(intervention)으로부터 일종의 혜택을 받는다는 것은 중요한 발견이었다.

ICU 병상 배정에 관한 의사결정 규칙을 수립함으로써, 개입은 ICU 내부 및 외부 부서 간의 전문적 관계를 개선했다. 개입 이후 대기 수술 취소율이 감소한 것으로 나타난 것은 보다 통합적인 시스템을 반영한 것이다. ICU가 그린 상태일 때 외과의사에게 추가 ICU 수용 역량을 제공하는 것이 실질적으로 유용하지는 않았지만 (추가 수술환자 예약에 소요되는 리드타임으로 인해) 사회적 차원에서 선의를 축적했다는 점은 흥미롭다. 이러한 선의의 축적은 '경계 조정자'에게 압박이 증가할 경우 대화를 위한 더 나은 기반을 마련

14. 응급의료의 통합적 실행력: 치료 경계를 넘어서는 개입 이행

하기 위해 활용할 수 있는 자원을 제공함으로써 시스템의 유연성을 강화하는 것으로 나타났다.

결론

이 평가에 채택된 방법론을 이용하면 정량적 결과 데이터와 함께 행동을 연구할 수 있다. 시행 초기와 계획이 몇 달 동안 운영된 후 스태프와의 인터뷰를 통해 ICU 내 업무 흐름과 다른 부서와의 관계를 개선하는 메커니즘을 포착할 수 있었다. 또한 개입이 효과가 있었던 이유에 대해서도 더 깊이 이해할 수 있었다. 감사 데이터(audit data) 분석만으로는 이러한 메커니즘을 놓쳤을 것이다.

또한 본 연구에서 업무 흐름 문제를 해결하고 의사소통을 개선하는 것 외에도 지속적인 팀 구축 활동으로 결속력을 강화하는 계획 및 관련 회의의 상호보완적인 효과가 있었다는 것도 밝혀냈다. 따라서 스태프의 변동에 따라 사라지기보다 시간이 지남에 따라 더 강해질 수 있었고, 의료서비스라는 특수한 환경 내에서 문화 자체가 더욱 통합적으로 유지될 수 있었다. 부서 수준의 개입은 조직적 경계를 넘는 협상을 지원했으며, 이는 부서별 '경계 조정자'의 필수 업무에 특히 도움이 되었다.

참고문헌

Clay-Williams, R., Hounsgaard, J., & Hollnagel, E. (2015). Where the Rubber Meets the Road: Using FRAM to Align Work-as-Imagined with Work-as-Done When Implementing Clinical Guidelines. Implementation Science, 10(1), 125.

Cook, R. & Rasmussen, J. (2005). "Going Solid": A Model of System Dynamics and Consequences for Patient Safety. Quality & Safety in Health Care, 14(2), 130.

Denzin, N. K. & Lincoln, Y. S. (2013). Strategies of Qualitative Inquiry, 4th ed. Thousand Oaks, CA: Sage Publications.

Long, J. C., Cunningham, F. C., & Braithwaite, J. (2013). Bridges, Brokers and Boundary Spanners in Collaborative Networks: A Systematic Review. BMC Health Services Research, 13(1), 158.

Powell, A. E. & Davies, H. T. (2012). The Struggle to Improve Patient Care in the Face of Professional Boundaries. Social Science & Medicine, 75(5), 807–814.

Tushman, M. L. & Scanlan, T. J. (1981). Boundary Spanning Individuals: Their Role in Information Transfer and Their Antecedents. Academy of Management Journal, 24(2), 289–305.

제V부

결론

15 | 토론, 통합 및 결론

Jeffrey Braithwaite
Macquarie University

Erik Hollnagel
Jönköping University

Garth S. Hunte
University of British Columbia

이 책 전반에 걸쳐 우리 저자들은 경계 행동, 개념, 이론 및 구조와 씨름하면서 의료 환경에서 표현되는 통합적인 수행력 및 업무 진행과 구성 방식에서 불가피한 부분인 경계 간의 관계를 이해하고 명료하게 설명하려고 노력했다. 먼저, 서문의 제목 부분에서 초기 네 권 책의 본질을 요약하여 간략한 역사적 맥락을 제공하면서 현재까지의 여정을 설명했다(Braithwaite, Hollnagel and Hunte). 2장에서는 항해 비유를 활용하여 이후 챕터에서 이어지는 경계에 대한 아이디어에 본질을 추가했다(Hollnagel, Braithwaite and Bob Wears).

    제2부 3장(Johnson, Lane, Klug and Clay-Williams)과 4장(Robson)은 복잡한 보건의료 환경에서 공식 및 비공식 협상의 핵심을 보여줌으로써 통합적 실행력을 이해하는 사례를 제시했다. 협상은 항상 여러 경계, 즉 협상 파트너 간의 경계뿐만 아니라 협상자와

제V부 결론

그들의 상대 입장을 분리할 수 있는 개념적, 이념적, 정치적, 사회적, 심리적 장벽을 넘어 발생한다.

제3부 경계의 이론화에서는, 통합 보건의료 네트워크(Resilient Health Care Network)에 속한 사람들에게 특히 까다로운 문제인 레질리언스 이론을 탐색하는 데 중점을 두었다. 레질리언스 이론은 현실 세계에 어떻게 적용될까? 라는 질문도 던졌다(Sheps, Wears). 반면, 선도적인 의료기관 및 서비스는 분배, 확산, 공유 리더십 모델이 필요하다는 것을 보여주었다(Zhuravsky, Lofquist and Braithwaite): 격차 해소, 경계를 넘나드는 리더십이 필요하다. 시뮬레이션과 임상 작업 사이의 경계와 시뮬레이션에서 장벽을 극복하는 방식을 탐구하면서 이론과 실제 사이의 격차가 발생할 수 있는 또 다른 영역을 살펴보았다(Patterson, Dieckmann and Deutsch).

1~3부에서 레질리언스와 경계의 개념 및 이론에 대해 살펴보았으며, 가장 큰 부분을 위한 발판이 마련되었다. 제4부는 경험적 경계이다. 이전 RHC 4권의 챕터에서 발췌한 30여 개 사례를 검토하여 사례 연구 전반에 걸친 다양한 경계 행동을 파악함으로써 후속 작업에 대한 맥락을 제공했다(Churruca, Long, Ellis and Braithwaite). 또한 의약품 조제 환경에서 실제 경계와 가상 경계 사이의 격차를 줄이기 위해 민족지학적 영상(video-ethnographic) 설명을 제공했다(Dieckmann, Clemmensen and Lahlou). 다음으로, 수술실 매니저의 역할에 대해 자세히 살피며 방침을 바꾸었다: 경계를 넘는 전형적인 역할로, 바쁘고 긴박한 응급상황에서 효과적인 치료의 경계 조정자(boundary-spanning) 역할을 한다(Hegde, Jackson).

15. 토론, 통합 및 결론

그리고 환자와 진료 시스템을 통한 환자의 흐름 및 그 결과로 인한 시스템 작동에 필요한 경계를 극복하는 행동을 주제로 조직의 경계를 넘어 국민보건서비스(National Health Service) 환자의 이동을 조사했다(Back, Ross, Jaye, Henderson and Anderson). 영국에 머물면서, 경계의 내외부를 설정하고 관찰하며 존중과 관련된 신뢰 측면도 살펴보았다(Sujan, Huang, Biggerstaff). 국가와 환경을 바꾸어, 산부인과 병동에 집중하여 다른 챕터에서 다루지 않은 경계의 범주를 살펴보았다(Werle, Saurin and Soliman): 완화(slack) 현상 또는 기능하는 모든 시스템에 내장된(내장되어야 하는) 완충 방안과 중복성. 의료시스템의 개입(intervention)을 조사하였고, 개입으로 인해 교란된 시스템에 대한 심층적 지식을 구축하기 위한 장치로서 ICU 에스컬레이션 계획의 실행 효과를 조사했다(Clay-Williams, Lane, Blakely, Senthuran and Johnson).

제5부, 결론에서 이 책의 마지막 챕터를 마무리한다. 표 15.1은 저자들의 국가, 그들이 취한 경험적 입장, 그들이 수용한 이론적 접근방식에서 선별한 주요 교훈과 함께 책의 결과를 요약했다.

경계를 넘나들며 일하는 다양한 메커니즘, 모델 및 접근방식에 대한 담론적, 이론적, 경험적 검토를 마무리하면서 몇 가지 실용적인 조언을 제공하는 것으로 끝을 맺으려 한다. 경계는 어디에나 존재하며 본질적으로 흥미롭다. 경계를 파악하거나 찾는 사람들에게 신호 역할을 할 수 있다. 경계는 한 가지(범주, 행동, 개념 또는 사회 구조 등)가 끝나고 어디에서 다른 것이 시작되는지에 대해 알려준다. 또한 시스템의 구조적 허점이 어디에 있는지를 밝힐 수도 있다.

제V부 결론

<표 15.1> 책 요약 – 저자, 교훈, 국가, 경험적 입장 및 이론적 접근

저자, 챕터	주요 교훈	국가	경험적 입장	이론적 접근
제 1부: 서문				
Braithwaite, Hollnagel, Hunte 소개: 현재까지의 여정 및 앞으로의 계획	RHC 시리즈 이전 서적에서는 배질리언스와 임상적인 임상 업무 가상일과 실제일, 통합 보건의료 제공방법에 대한 연구 및 이론에 중점. 사회구조의 복잡성과 다양한 종류의 경계를 극복하는 행동 맥락에서 통합 보건의료에 대해 논의한다.	호주, 덴마크, 캐나다	1-4권의 역사적 배경 및 맥락	소개 및 개념 개요
Braithwaite, Hollnagel and Wears 여정: 통합 보건의료의 경계 탐색	경계, 격자 및 가교의 특성: 시스템, 조직 및 서비스 전반에 걸쳐 통합적 실행력을 구현하기 위해 경계 넘어 협력하는 방식. 항해의 은유를 사용하여 주축 내용을 구성한다.	호주, 덴마크, 미국	경계와 경계 극복, 통합 보건의료 관계에 대한 아이디어 탐구. 경계의 개념을 확립하고 책의 나머지 내용을 구성하는 개념을 요약한다.	경계, 격자 및 가교에 대한 주요 이론적 아이디어
제 2부: 경계를 극복하는 현상				
Johnson, Lane, Klug and Clay-Williams 경계를 극복하는 다: 공감적 협상 기술을 이용한 보건 의료분야의 가치 창출 및 안전 확보	이해기반 협상의 이점과 협상 기술의 적용에 대해 설명한다: 회피형, 수용형, 협력형, 경쟁형, 타협형 등 5종류 모델의 협상 스타일 관찰.	호주	보건의료 분야에 이러한 아이디어를 적용한 사례 연구	경계를 극복하는 협상

276

15. 토론, 통합 및 결론

저자, 챕터	주요 교훈	국가	경험적 입장	이론적 접근
Robson 보건의료 분야의 갈등 해소	하위 시스템 전반에서 갈등에 관여하는 현상에 대한 관점. 관계기반 접근방식, 구조기반 접근방식 및 이해관계 접근방식의 차별화를 포함하여, 보건체 시스템에서 자연스럽고 일상적인 갈등에 관여하기 위한 관계적/시술적 접근방식을 옹호한다.	캐나다	복잡적응 시스템에서의 현상사례 연구	복잡성, 갈등, 협업, 관계성
제 3부: 경계의 이론화				
Sheps and Wears '실용적 메질리언스': 잘못된 이론 적용?	환자 안전과 통합 보건의료에 대한 과거와 현재의 몇 가지 주제를 살펴본다.	캐나다, 미국	레질리언스에 대한 다양한 아이디어의 이론적 조사	깊이 내재된 잠재성으로서의 레질리언스
Zhuravsky, Lofquist and Braithwaite 다양한 형태의 공유 리더십을 통해 보건 의료기관의 레질리언스 구축	경계를 극복하는 개념을 통해 WAI-WAD를 완화하기 위해 행동하는 공유 리더십.	뉴질랜드, 호주	이론적 내용을 사례와 함께 설명	경계 행동에 대처하기 위한 패러다임으로서의 공유 리더십
Patterson, Dieckmann and Deutsch 시뮬레이션: 경계를 감지하고 극복하는 도구	장벽을 허물기 위한 다양한 양식의 시뮬레이션의 주도적, 이론적으로 기여한다. 특히 적응형 전문성과 통합적 업무의 추진을 위한 시뮬레이션이 임상 업무와의 관계를 설명해본다.	미국, 덴마크	시뮬레이션과 레질리언스	현장 및 현장 외부에서 시뮬레이션 이론화

제V부 결론

저자, 챕터	주요 교훈	국가	경험적 입장	이론적 접근
제 4부: 경계의 경험				
Churruca, Long, Ellis and Braithwaite 시스템 및 지식의 경계 돌아보기	RHC 이전 4권의 챕터에서 발췌한 30가지 사례 검토. 사례 연구 전반에 걸쳐 경계 행동을 소개한다.	호주	경계를 극복하는 업무를 통해 통합적 실행을 가능하게 하는 행동을 조사하는 실증적 경험	다수의 RHC 서적에 걸친 사례 연구 이론의 실증적 검토
Dieckmann, Clemmensen and Lahlou 현장에서 실행되는 의약품 조제의 이해 – 개념적 모델과 경험적 접근법의 결합	비디오 민족지학을 활용하여 실제 의약품 조제 환경을 분석함. 피험자 중심의 비디오 민족지학을 통해 실제 환경에서의 관점을 제공한다.	덴마크	설치 이론과 FRAM 방법의 연계 및 의약품 조제를 영상화한 실증적 사례연구 이론에 기여	개념적 모델의 결합. 설치 이론과 FRAM 접근방식의 병치
Hegde and Jackson 수술실에서 통합적 현장 관리: 경계와 협조의 역할	1인 주도의 수술실 현장 관리자의 통합적 행동 분석. 현장 관리자는 물리적, 기능적, 계층적 경계를 넘어 효과적으로 조율할 수 있다.	미국	수술실 현장 관리자 15명의 임무, 의사소통, 표현 상호작용에 대한 경험적 연구	효과적인 시스템 수행을 위해 교량 역할을 하는 현장 관리자의 기동능적 (CFM)과 역할
Back, Ross, Jaye, Henderson and Anderson 환자 유동관리: 문서화된 기회와 에스컬레이션 조치	에스컬레이션 프로토콜을 통한 환자 유동과 병원 환경에서의 환자의 의뢰 및 이송을 조사. 환자 유동은 임상적, 기술적 또는 기타 경계와 사일로를 넘나든다.	영국	NHS 전반에 걸친 실증적 사례 연구 및 수요가 용량을 초과하는 경우에 대한 개념화	에스컬레이션 및 환자 유동관리. 경계 협상을 촉진하기 위한 중간수준의 행동으로서 관찰자 역할.

15. 토론, 통합 및 결론

저자, 챕터	주요 교훈	국가	경험적 입장	이론적 접근
Sujan, Huang and Biggerstaff 통합 보건의료의 촉진요소인 신뢰와 심리적 안전	동적인 균형 맥락에서 신뢰와 심리적 안전 및 통합 보건의료에 대한 관계 연구	영국	응급실에서 병동으로 환자 이송 및 외과된 차방 환자의 퇴원에 대한 실증적 사례 연구	응급실 및 퇴원환자의 신뢰와 심리적 안전
Werle, Suarin and Soliman 통합 지원을 위한 완화 지원의 공동 사용: 신부인과 병동 사례 연구	완화 분야에 대한 이론적 분석 및 각 상황의 인터뷰와 FRAM을 활용한 두 상황의 실증적 조사.	브라질	FRAM 분석을 통해 신부인과 병동에 적용한 완화 자원의 사례연구 분류	신부인과 병동의 완화 자원과 통합력
Clay-Williams, Lane, Blakely, Senthuran and Johnson 응급실로 분야의 통합적 수행: 경계를 극복하는 개입의 실행	의료 환경(예: 중환자실)에서 개입이 경계를 어떻게 극복하는지 조사. 선의의 경계는 시간에 지남에 따라 장벽이 될 수 있으며; 개입이 WAI-WAD 측면을 노의한다.	호주	호주 타운즈빌에서 다양한 방법을 이용한 중환자실 에스컬레이션에 대한 경험적 연구	중환자실의 통합적 수행; 중환자실과 외과 간의 갈등

제 5부: 결론

Braithwaite, Hollnagel and Hunte 토론, 통합 및 결론	경계에서, 경계와 함께, 경계를 극복하며 일하기.	호주, 덴마크, 캐나다	주요 실증적 주제를 모았다.	책을 마무리하며 다양한 이해관계자가 얻을 수 있는 이점에 대해 논의한다.

279

제V부 결론

실제로, 표 15.1에서 볼 수 있듯이, 경계의 밑바탕에는 활용의 기회(tertius gaudens: 자기중심적 이익을 얻는 제 3자) 또는 결합할 수 있는 기회(tertius iungens: 자신의 이익을 떠나 새로운 연결이나 협업 시도)를 제공한다. 경계는 현재 우리 사이의 격차가 얼마나 큰지, 그리고 이를 극복하기 위해 얼마나 많은 노력을 기울여야 하는지 알려줌으로써 행동을 유도하거나 의욕을 떨어뜨릴 수도 있다.

이에 대해 생각해 볼 때, 테르티우스 가든스와 테르티우스 융겐스의 속성은 무엇이며, 선(good)에 기여하거나 손상시키는 것은 무엇인지 생각해 보았다. 이러한 예는 서론에서 격차의 가교 형성을 하는 중간수준의 활동가로 예시를 들었지만, 가든스는 정치를 하며 자신의 이익을 위해 그 역할을 이용하는 사람(분할, 정복 또는 중상모략 전략을 통해)으로 묘사되었다. 권력에 대한 이러한 접근방식은 교묘하고 비윤리적이다. 이것이 경계가 우리에게 제공하는 (부당한) 활용의 기회일까, 그렇다면 통합적 실행력에 어떻게 기여할까?

탐구와 활용 사이의 양면성과 균형은 실행력을 향상시킬 수 있지만, 이는 테르티우스 가든스로 묘사되는 (부당한) 활용의 의미는 아니다. 여러 연구에서 실행력을 위해 현재의 지식과 기술을 활용하고, 미래 수요에 적응하고 준비하기 위해 새로운 지식과 기술을 탐구하는 양면성의 역량을 구축하는 것이 중요하다고 강조한다. 이 이중적 과제는 종종 딜레마로 작용한다.

우리는 결합하는 제 3자(융겐스)가 이익을 얻는 제 3자(가든스)보다 통합적 수행에 기여하고 촉진할 가능성이 더 높다고 생각한다. 따라서 우리는 관찰자, 중개자, 항해자에 걸맞게 조직의 연결을 지

15. 토론, 통합 및 결론

지하고 공동의 이익을 강조하는 융겐스의 전략적 방향을 강조한다.

이 책의 각 챕터를 모두 이해한 후, 통합적 보건의료의 수행을 위해서는, 경계를 무시할 수 없다는 것이 우리의 견해이며 독자의 견해이기를 기대한다. 경계를 매핑하고, 뛰어넘고, 활용하고 탐색해야 한다. 결국, 우리의 열망 중 하나는 통합적 실행력이 어디에서 발견되든 - 어떻게 표현되든, 그것을 지원하는 것이다. 우리만큼 통합 보건의료에 몰입하지는 않았더라도, 의료서비스가 제공되고, 정책이 개발 및 제정되고, 서비스를 주도하며 관리를 위해 더 나은, 더 통합적이며 더 협력적인 구조를 추구하는 사람들과 공유하고 싶은 바람이다. 실제로 이는 보건의료 정치인, 정책 책임자, 연구원, 관리자, 리더, 임상 스태프, 지원 인력 및 환자, 그들의 친구와 친척 및 간병인 등 우리 모두를 의미한다. 즉, 이 책에는 모든 사람을 위한 내용이 담겨 있다.

통합 보건의료 Ⅰ
Working Across Boundaries

지은이 Jeffrey Braithwaite, Erik Hollnagel and Garth S. Hunte.
번 역   홍성현

발행인 홍성현
발행처 레질리언트시스템스플러스 연구소
TEL   031-445-7556
Email   resilientsystemsplus@gmail.com
출판등록 2020년 5월13일
등록번호 제384-2020-000025호

정가   20,000원
ISBN   979-11-970928-9-3 (93300)

* 본서의 한국어판 저작권은 저작권자와의 독점계약으로 보호를 받는 저작물이므로 무단전재와 복제를 금합니다.